综采工作面超前支护自适应支护技术

张　坤　　著

中国矿业大学出版社
·徐州·

内容提要

综采工作面超前支护自适应支护技术是当前采矿机械工程学科的热点研究领域之一。本书介绍了超前支护技术发展现状，详细论述了超前液压支架-锚固系统-围岩耦合力学特性、超前液压支架空间姿态监测技术、超前液压支架初撑力自适应控制技术，研发了新型缓冲吸能装置手性结构等。本书适合从事煤矿开采和煤矿机械化工作的广大研发人员、管理人员和作业人员阅读，适合作为相关院校、研究院等相关组织机构的教学参考用书。

图书在版编目(CIP)数据

综采工作面超前支护自适应支护技术 / 张坤著，徐州：中国矿业大学出版社，2024.6. — ISBN 978-7-5646-6309-4

I.TD822

中国国家版本馆 CIP 数据核字第 2024T2T757 号

书　　名	综采工作面超前支护自适应支护技术
著　　者	张　坤
责任编辑	于世连
出版发行	中国矿业大学出版社有限责任公司 （江苏省徐州市解放南路　邮编 221008）
营销热线	(0516)83885370　83884103
出版服务	(0516)83995789　83884920
网　　址	http://www.cumtp.com　**E-mail**:cumtpvip@cumtp.com
印　　刷	徐州中矿大印发科技有限公司
开　　本	787 mm×1092 mm　1/16　**印张** 9.25　**字数** 233 千字
版次印次	2024 年 6 月第 1 版　2024 年 6 月第 1 次印刷
定　　价	56.00 元

（图书出现印装质量问题，本社负责调换）

前　言

煤炭是世界上最经济的化石能源，也是可以清洁高效利用的能源。世界能源格局及现实的经济社会需求决定在未来相当长时间内，煤炭仍将在世界能源结构中占有较大比例，仍将是中国的主体能源。利用科技的进步消除煤炭生产、利用的环境负效应，实现安全高效绿色开采和清洁高效利用是煤炭的发展方向。建设智慧煤矿、发展智能化开采符合国家战略，是煤炭工业发展的必然选择。

智能化开采是煤炭工业高质量发展的核心技术支撑。经过多年发展，我国智能化开采形成了薄煤层和中煤层智能化无人操作，大采高煤层人-机-环智能耦合高效综采，综放工作面智能化操控与人工干预辅助放煤，复杂条件智能化+机械化等多种智能化开采模式。智能控制是目前时代发展的趋势。通过智能控制使机器能独立自主的完成一系列目标操作，尽可能减少人为干预，甚至不需要人为干预。自适应控制指通过非线性微分方程建立的数学模型，控制系统可以针对输入参数和输出参数的不确定变化可以进行自主的模型阶次迭代、误差补偿操作、参数变化等操作。在综采工作面，超前支架自适应支护指超前支架具有根据巷道载荷变化与围岩变形自主调整支护阻力、支护状态与支护方式的能力。研究超前支护自适应支护技术具有重要的现实意义，能够促进我国煤矿智能化发展。

本书详细介绍了超前液压支架组-顶板力学关系、超前液压支架-锚护系统-围岩耦合力学特性、超前液压支架群组联合支护特性，进行了回采巷道联合支护力学特性相似模拟试验、回采巷道超前液压支架群组锚固联合支护特性试验，研究了超前液压支架空间姿态监测技术，设计了超前液压支架初撑力自适应控制系统，研发了新型缓冲吸能装置手性结构。本书内容丰富，逻辑体系严谨，能够为从事煤矿开采和煤矿机械化工作的广大研发人员提供有益的借鉴作用。

由于作者水平有限，书中难免存在不妥之处，请读者批评指正。

作者

2024年1月

目　　录

第1章 概 述

1.1 煤矿智能化发展

煤炭是世界上最经济的化石能源，也是可以清洁高效利用的能源。煤炭一直是中国的主体能源，占一次能源产量和消费量的70%和60%以上。

世界能源格局及现实的经济社会需求决定了在未来相当长时间内，煤炭仍将在世界能源结构中占有较大比例，仍将是中国的主体能源。利用科技的进步消除煤炭生产、利用的环境负效应，实现安全高效绿色开采和清洁高效利用是煤炭的发展方向，煤炭传统产业模式有待变革。互联网、人工智能和大数据等颠覆性技术的发展，拉开第四次工业革命的序幕，加快传统行业变革的进程。中国提出“中国制造2025战略”，大力发展智能制造、智能装备。建设智慧煤矿、发展智能化开采符合国家战略，是煤炭工业发展的必然选择。

1.1.1 煤矿智能化定义

智能化指使对象具备灵敏准确的感知能力、精准的判断决策力及行之有效的执行能力，能够根据感知信息进行智能分析、决策与执行，具备自学习与自优化的功能。智能化应具备3个要素：① 有对外部信息的实时感知与获取的能力；② 具有基于对感知信息的存储、分析、判断、联想，自学习、自决策的能力；③ 有基于自决策的自动执行能力。

煤矿智能化[1-6]指煤矿开拓设计、地测、采掘、运通、洗选、安全保障、生产管理等主要系统具有自感知、自学习、自决策与自执行的基本能力。煤矿智能化是一个不断发展的过程，煤矿智能化程度也是一个不断进步的过程。滥用智能化概念修饰和以苛刻僵化的观点否定煤矿智能化技术进步的观点都是片面的、不可取的。

1.1.2 煤矿智能化目标

煤矿智能化发展的目标是建设智慧煤矿。智慧煤矿与智慧社会、智慧城市、智慧交通等具有类似的科学内涵，是指煤矿主体系统实现智能化，将物联网、云计算、大数据、人工智能、自动控制、移动互联网、机器人化装备等与现代开发技术相结合，开发矿山感知、互联、分析、自学习、预测、决策、控制的完整智慧系统，建设开拓、采掘、运通、洗选、安全保障、生态保护、生产管理等全过程智能化运行的智慧煤矿，创建全面智能运行、科学绿色开发的全产业链运行新模式。

由于我国煤层赋存条件复杂多样，不同矿区、不同煤层条件对智能化的要求、技术路径、发展目标等均存在差异，因此，煤矿智能化建设并不是一蹴而就的，而是要分层次、分阶段和分重点逐步推进的。基于我国煤矿智能化发展现状及发展要求，我国煤矿智能化发展的阶段目标如下：

① 到 2020 年，建成 100 个初级智能化示范煤矿，初步形成煤矿开拓设计、地质保障，采掘运通、洗选物流等主要环节的数字化传输、智能化决策、自动化运行，实现部分系统、部分岗位的无人值守远程监控。

② 到 2025 年，全部大型煤矿基本实现智能化，构建多信息融合的智能化系统，形成煤矿智能化建设技术规范与标准体系，升级煤矿智能系统技术和装备，实现煤矿开拓设计、地质保障、采掘运通、洗选物流等多个系统的智能化决策和自动化协同运行，初步推广应用井下重点岗位机器人作业，露天煤矿实现智能连续作业和无人化运输。

③ 到 2035 年，全面建成以智慧煤矿为支撑的煤炭工业体系，构建煤矿及矿区多产业链、多系统集成的煤矿智能化系统，全面突破煤矿智能化核心关键技术，实现煤炭生产主要环节的智能决策和自动化运行，矿井主要作业岗位基本实现机器人值守和操作。

1.1.3 智能化煤矿十大应用系统关键核心技术与装备

智能化煤矿要求开拓设计、地测、采掘、运通、选煤、安全保障、生产管理等主要系统具备自感知、自学习、自决策与自执行的基本能力。因此，应集中力量，重点建设智能化煤矿十大应用系统，包括信息基础设施、智能地质保障系统、智能掘进系统、智能开采系统、智能主煤流运输系统、智能辅助运输系统、智能通风与压风系统、智能供电与供排水系统、智能安全监控系统、智能洗选系统、智慧园区与经营管理系统，最终实现煤矿智能化建设从总体基础平台到井下采掘运输系统和井下安全系统，再到煤矿辅助保障系统的全面升级。

1.1.4 煤矿智能化发展主要研发方向

煤炭行业智能化建设虽然取得重要成果，但是现有的煤矿智能化基础理论体系、技术和装备支撑保障能力与智能化煤矿建设的需求还存在很大差距[7-9]。煤矿智能化开采和煤矿物联网技术目前已取得重要进展。我国已建成一批以工作面智能化开采和数字化信息化管理系统为标志的先进煤矿。由于煤矿开采条件的复杂性和多样性，大多数智能化工作面还远没有达到理想效果，智慧煤矿建设还处于初级阶段。目前，需要重点进行以下 5 个方向的攻关研发。

(1) 精准地质信息系统和随掘随采探测技术装备

煤矿地质信息是一种随着采掘活动在时间与空间不断发生变化的四维动态信息。精准地质信息作为掘进与开采的基础，是智能化决策的前提条件。开发工作面随掘随采探测关键技术及装备，实现地球物理数据和随掘随采数据的自动采集、处理和解释，建立精准四维动态地质-巷道模型，搭建多源、全方位信息透明的矿井 4DGIS 云平台，实现地质、测量及生产动态信息的煤矿“一张图”管理，是实现智慧煤矿的先决条件。

(2) 智慧煤矿物联网技术与装备

环境、设备状态的感知是实现智能决策、控制的先决条件。现有煤矿各类监控系统已实现飞跃式发展，已经实现对于煤矿生产关键信息的基本感知。然而不同企业的煤矿监控系统基于自己企业标准生产,其数据接口与平台各异,数据只能单独进行处理,相互之间缺乏通信与融合,数据孤岛与数据碎片化现象严重,因而难以形成有效的数据分析模型与算法。相关数据分析结构也就缺乏准确性,难以指导生产。物联网技术旨在打破数据融合壁垒,实现设备之间、设备与环境之间、设备与人员之间的数据互联,最终实现万物互联。因此,物联网技术(图 1-1)是实现智慧煤矿的关键核心技术。

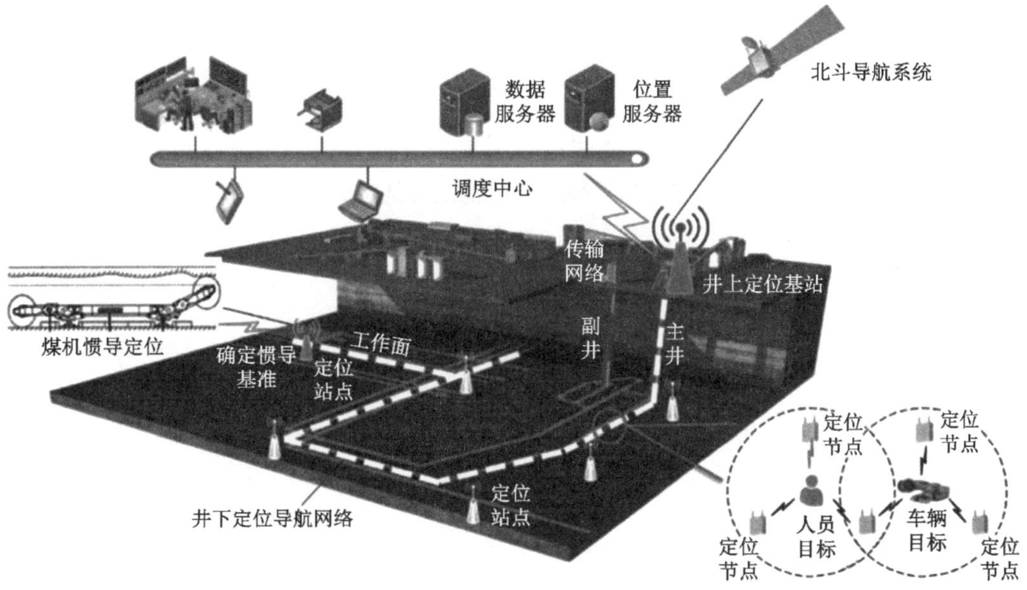

图 1-1 智慧煤矿物联网技术与装备

(3) 巷道智能化快速掘进技术与装备

作为煤矿生产的重要前端环节,巷道掘进的主要难题是采掘失调。目前综掘支护施工以单体锚杆钻机为主,钻孔效率低;工序复杂,锚护时间长;机载钻机高精度定位困难。锚杆支护时间占巷道掘进时间的 60%,支护人员也占总施工人员的 60%及以上。目前,在掘进工作面掘进工序分散、辅助装备落后、掘进工艺复杂。掘、锚工序在掘进工作面有限空间交替作业导致成巷效率低,这制约掘进作业的快速化、机械化、智能化。目前巷道快速掘进急需解决的关键技术问题包括:快速支护及掘支平行作业技术,自主导航与自主连续截割技术,远程智能管控平台技术,适应各种条件的智能化掘进成套装备。

(4) 智能化无人开采关键技术与装备

随着智能化无人开采深入发展,更多的机械化、信息化的短板被补充完善,煤矿井下精准定位导航、图像智能识别、智能化控制等关键核心技术的应用越来越成熟。在地质条件日益复杂、生产环境要求日益提高、安全要求日益严格的大趋势下,智能化无人开采的需求将会越来越迫切。

煤矿智能化无人开采系统是一个从开采准备、工艺规划到开采过程实时控制、设备管理,直至远程监控服务的煤炭生产全过程无人或少人的智慧生产系统。目前,针对智能化无人开采,以下 5 个关键科技问题急需解决:① 工作面有限空间内装备位姿及运动关系精确探测;② 低照度、高粉尘空间视频监控及图像识别;③ 围岩开采系统耦合作用规律及多机协同控制;④ 复杂条件下超前巷道装备自动化技术;⑤ 关键材料、元部件及整机可靠性提升技术。

针对上述问题,煤矿智能化无人开采技术与装备研发的关键内容包括:① 工作面装备位姿检测及多信息驱动的三维场景实时再现;② 围岩装备耦合自适应协同控制系统研发;③ 智能装备关键元部件及可靠性技术研发;④ 煤流及两巷辅助作业智能化系统研发。

(5) 煤矿机器人

煤矿生产系统庞大复杂,作业环境恶劣,靠人工操作机械的方式,无法有效减少井下一线作业人员数量。用机器人替代井下人工作业是建设智慧煤矿的新要求。对于煤矿作业类机器人(属于重载防爆机器人),其他领域尚无可借鉴的技术和产品。煤矿安控和应急救援类机器人属于极端复杂环境机器人,不但要有必备的感知监控功能,还要有可靠的防爆、运移、导航、避障、路径规划和抗颠覆及自救等功能。

智慧煤矿是煤炭工业技术革命、产业转型升级的战略方向和目标。智能化开采技术是智慧煤矿的核心技术。必须牢牢抓住新一代信息技术带来的发展机遇,将数字矿山建设与煤炭安全高效开发和清洁利用技术创新、管理改革相结合,利用信息化、数字化、物联网、人工智能、大数据等新技术提升和改造传统采矿业,不断开创安全、高效、绿色和可持续的智慧煤矿发展新模式。

1.2 超前支护技术

煤矿井下支护问题(包括综掘巷道和综采工作面的支护问题),制约煤矿安全及高效生产。采煤工作过程中巷道支护有三种类型:超前支护、临时支护和永久支护。超前支护在掘进初期有着不可替代的作用,是保证掘进设备有效或高效作用并安全稳定生产而采取的辅助的特殊措施。超前支护技术对我国煤炭行业的智能化发展具有重要的意义。

1.2.1 超前支护技术理论研究

超前支护指以锚杆、锚索、钢带、铁丝网等组成的支护体系对巷道进行支护的方式。超前支护能够增强巷道的支护强度,控制巷道围岩变形,减小巷道维修与维护的工作量,提高安全生产系数。许多学者对超前支护技术和理论做了深入的研究。

任怀伟等[10]提出结合锚杆支护在脆性和软岩体中开挖圆形巷道的解决方案;建立了锚杆支护巷道围岩的演化方程,并基于演化方程改进了相关数值方法,确定了锚杆和围岩间的相互作用机制;通过三维有限差分程序(Fast Lagrangian Analysis of Continua 3D, FLAC3D)进行了数值仿真,验证了该解决方案的有效性。

胡帅伟等[11]采用结构动力学理论推导了锚杆在爆破地震波作用下的振动规律,研究了黏结式锚杆在爆破动载荷作用下的动力响应特征。他们的研究结果表明:锚杆自由端的轴力和轴向振速呈指数衰减,锚杆锚固段轴力和轴向振速以及剪应力呈正弦变化,锚杆应力在动载荷作用下整体表现为先增加后减小的特征。

周世昌等[12]建立以锚固界面的双指数曲线剪切滑移模型和锚杆线性强化弹塑性本构

模型，通过对锚杆的拉拔试验验证了所建立的本构模型的准确性，并利用此模型分析了不同锚固长度锚杆载荷的传递规律。

文志杰等[13]为确定巷道围岩支护系统中锚杆合理的预紧力，推导考虑围岩塑性区与弹性区交界面处的平衡方程和边界条件，建立基于摩尔-库伦(Mohr-Coulomb)准则、德鲁克-普拉格(Drucker-Prager)准则以及霍克-布朗(Hoek-Brown)准则下的围岩应力梯度求解模型，并通过数值模拟软件验证了相关求解方法的准确性，提出应力补偿系数概念，得到预紧力与锚固效果呈正相关的趋势，并获得最优化补偿比。

涂兵雄等[14]建立拉压复合型锚杆的抗拔承载力计算方程和拉压型锚杆抗拔承载比，分析得到了承载比与锚固段长度呈正相关、承载比与承压锚固段长度系数呈负相关的规律，且拉压复合型锚杆较拉力型锚杆承载能力显著提高。

陈洪凯等[15]研发了自锚型新型应急锚杆，建立了自锚型应急锚杆和锚杆螺栓的抗剪强度的计算方程，确定了治理危岩所需锚杆数量的计算方法，为应急治理危岩崩塌灾害提供了一种新的控制技术。

陈勇等[16]建立了沿留空巷巷帮充填体加固力学模型和数值分析模型，得到了拉锚杆对填充体的加固机理表现为"三大两小"的特征，且随着充填体的压缩变形的加大，锚杆对充填体的围压逐渐增大、垂直应力集中面积也逐渐增大。

周炳生等[17]从锚固体界面剪切位移分布曲线的统一形式出发，建立了无限长锚固体界面的位移、轴力及剪切应力的求解方程，并对其进行修正得到了全长黏结式锚杆接触面载荷位移求解方程，规避了均匀统一本构假设的局限性，通过工程实例验证了该求解方程的准确性。

1.2.2 超前支护设备研究

我国在综采工作面回采巷道使用最多的支护设备为锚杆、锚索支护、单体配铰梁、超前液压支架等。随着科技的发展，单体支柱配合铰梁的支护方式已经不能够满足综采工作面的安全高效生产的要求。超前液压支架的使用已经成为一种发展趋势。超前液压支架组配合锚杆(索)的支护设备也在深部巷道中开始使用。诸多学者对超前液压支架等支护设备的支护特性、控制方式等做了详细的研究。

谢苗等[18]建立超前液压支架主要承载元件-立柱的动力学模型，并对其建立参数振动微分方程，运用能量法对超前液压支架立柱进行稳定性分析，为超前液压支架稳定性判据提供理论依据。

李丁一等[19]将超前液压支架立柱简化为弹性支座，建立了超前支架组弹性支座岩梁模型，分析了不同地质参数和支护参数对巷道顶板下沉量的影响，验证了超前液压支架群组非等强支护能够增强超前支护系统对巷道围岩支护的适应性。

王根盛等[20]结合巴彦高勒煤矿 311103 大采高综采工作面巷道支护现状，设计了一种新型巷道超前支护垛式支架，运用理论计算和现场实测设计了垛式超前支架的主要技术参数和结构特点，采用有限元分析软件 ANSYS Workbench 对垛式超前支架进行了整架力学分析，结合现场垛式超前支架应用情况，验证了设计的垛式超前支架对巷道支护的有效性，为大采高综采工作面巷道超前支护提供了参考。

李明忠等[21]针对金鸡滩煤矿 8.2 m 大采高工作面回采巷道超前支护难题，设计研发了超前液压支架顶板避锚护顶、行走调控和斜坡式连接梁等新结构，通过井下现场超前液压支架抗周期来压能力和推进效率试验，验证了设计研发的新结构的可靠性，为超大采高工作面超前支护技术提供了依据。

何勇等[22]基于迈步式超前支护液压支架的工作原理，提出了一种异步自抗扰平衡控制方法；首先依据逐最高点双向异步控制方法计算得到了各个液压缸在空间状态解耦下的位移输出值，然后设计了自抗扰控制器以满足液压缸在复杂工况下的鲁棒性需求。其仿真试验结果表明，当液压支架在负载和倾角突变时，该控制方法可使得系统恢复稳定和具有良好的动态性能。

沙宝银[23]针对液压支架试验台在检测过程中的远程多缸同步控制问题，建立了面向仪器系统的 PCI 扩展控制器与实验室虚拟仪器工程平台数据流通联合的远程同步控制系统；完成了模糊 PID 控制算法的编码与运行，通过比例方向阀开口度的精确调节进行了调高油缸的同步驱动控制；其试验结果验证了油缸的最大同步误差不足 1 mm。

栾丽君等[24]基于综掘巷道液压迈步式超前支架的工作原理与超前支护的实际特征，提出了一种迈步式超前支架速度、压力复合控制方法；采用了电液伺服压力闭环回路与速度闭环回路串联的复合控制方式，构建了模糊滑模控制算法进行超前支护的速度、压力联合调控，实现了迈步式超前支架对顶板的有效支护。

薛光辉等[25]提出了一种基于神经网络 PID 的超前支架支撑力控制方法，利用 FLAC3D 软件仿真拟合得到了巷道围岩压力变化的输入曲线，并建立了神经网络 PID 控制算法进行超前支架支撑力的围岩压力自适应跟踪控制。其仿真结果表明，该方法所得到围岩压力的跟踪误差精度较为良好。

程敬义等[26]研发了支架与顶板状态智能感知系统。该系统依靠电液控制液压支架的海量监测数据进行支架工作阻力与围岩顶板压力的相互作用关系解析，并基于支架-顶板的智能感知模型完成了顶板来压预测、冒顶预警等功能，为支架与顶板状态智能感知技术体系的建立提供了理论与实践基础。

左键平[27]等总结了钢管混凝土支架常见的破坏模式，并利用弹性中心法获得了钢管混凝土支架与锚索耦合支护情况下的钢管混凝土支架的内力，同时建立了钢管混凝土支架与锚杆-索在不同侧压力系数和不同耦合支护条件下的数值计算模型，进一步研究了不同侧压、不同支护方案以及在不同角度范围内增加锚杆-索预紧力下巷道围岩与支护体的应力和位移演化规律。他们最终将钢管混凝土支架与锚杆-索的耦合支护技术进行了现场应用，有效控制了深部巷道大变形，对深部巷道的支护方案设计具有一定的指导意义。

第 2 章　超前液压支架组-顶板力学关系研究

煤炭资源开发逐渐向深部发展。传统超前支护方式已经不能满足煤炭安全高效开采的需求。超前液压支架在综采工作面回采巷道超前支护中取得了较好效果，为综采工作面安全高效开采提供了保障。但是超前液压支架组与锚固装备等联合支护巷道围岩过程中会产生支护设备"不匹配"现象，造成锚固装备破坏致使其失去对巷道围岩的支护作用。对在锚固装备支护作用下超前液压支架组支护巷道围岩变形特性进行研究，以解决超前支护装备间"不匹配"现象和实现综采工作面回采巷道优化支护、超前液压支架组自适应控制。

2.1　超前液压支架组-锚固联合支护顶板力学模型构建

2.1.1　联合支护装备与顶板接触力学模型基础理论

在煤矿井下回采巷道超前段使用的超前液压支架与掘进过程中巷道围岩所布置的锚杆和锚索进行联合支护，其支护方式如图 2-1 所示。

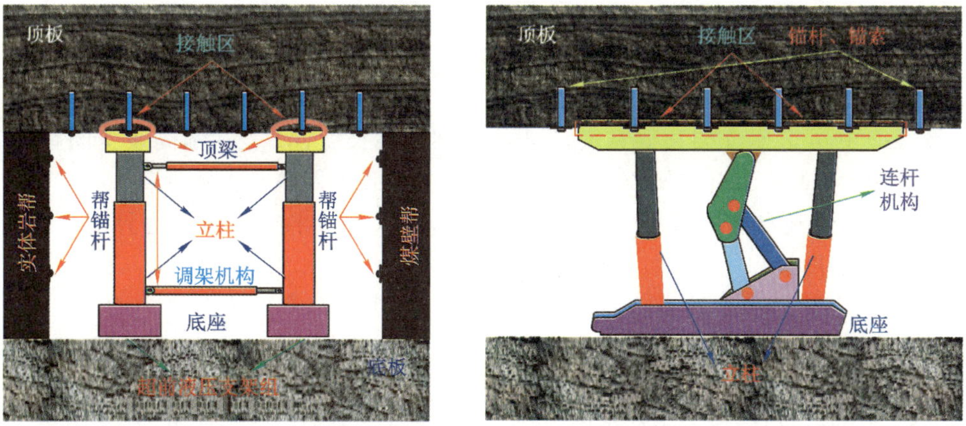

图 2-1　超前液压支架组锚固联合支护巷道顶板示意图

煤矿井下使用最多的为条梁式超前液压支架。定义两个条梁式超前液压支架为一组超前液压支架组。每组支架采用左右两列进行布置。左右两列支架顶梁和底座处之间安装调架机构,超前液压支架顶梁位置两侧连接护帮板对大变形巷道顶板进行支护。在不考虑工作面采动影响条件下,主要分析巷道顶板煤岩体弹性变形,着重研究超前液压支架组顶梁与锚固装备联合支护条件下巷道顶板表面应力和变形量分布情况。

在超前液压支架组对顶板煤岩体进行支护过程中,支架顶梁上表面与巷道顶板进行接触支护,依靠支架立柱提供工作阻力。锚固装备支护巷道顶板时,托盘表面与巷道顶板表面进行接触。支架顶梁、锚固装备托盘与巷道顶板接触形式如图 2-2 所示。由图 2-2 可以知道,可以将顶梁和托盘视为刚性体,顶板煤岩体视为无限大弹性半平面。在超前液压支架组支护顶板煤岩体时,顶板会沿着 Z 轴方向向上压缩微量厚度(即巷道顶板煤岩体发生弹性变形),且在支护过程中,托盘随顶板煤岩体受力变化而进行支护,因此可以将超前液压支架组锚固联合支护煤岩体过程看作为多个刚性矩形面与无限大弹性半平面接触问题进行研究。

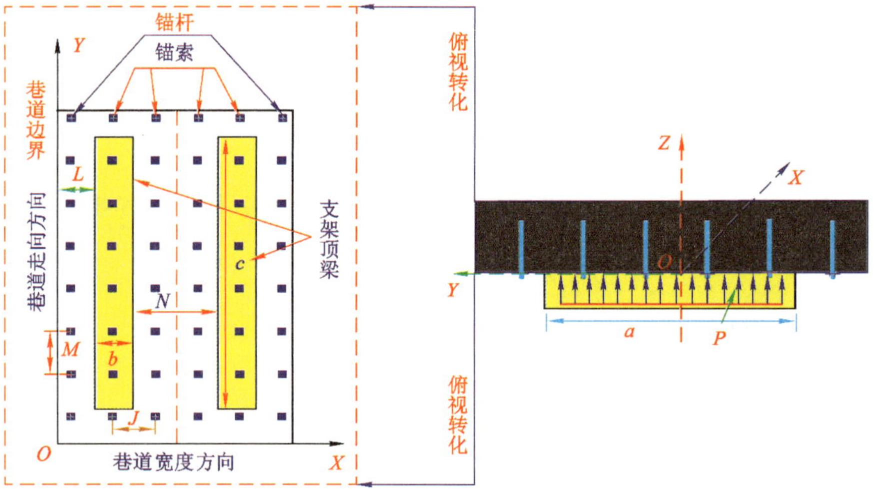

图 2-2 超前液压支架组顶梁、锚固装备托盘与顶板煤岩体接触形式

在图 2-2 中,b 表示支架顶梁宽度,c 表示支架顶梁长度,M 表示锚固装备间距,J 表示锚固装备排距,N 表示两组支架顶梁间距,L 表示支架顶梁距巷道两侧距离。

解决顶梁以及托盘与顶板煤岩体接触问题时,可以采用半空间体在边界上受法向集中力求解方法进行求解。

如图 2-3 所示,设有弹性半空间体,体力不计,在其边界施加法向集中力 $F_{法}$。已有研究表明,轴对称问题可以采用极坐标进行描述。法向集中力 $F_{法}$ 作用位置即为对称轴。利用布西内斯克(Boussinesq)势函数对此类问题进行求解,可以获得顶板煤岩体平面内任意一点在超前液压支架组锚固联合支护作用下的位移量和应力的 Boussinesq 解,如公式(2-1)和公式(2-2)所示。

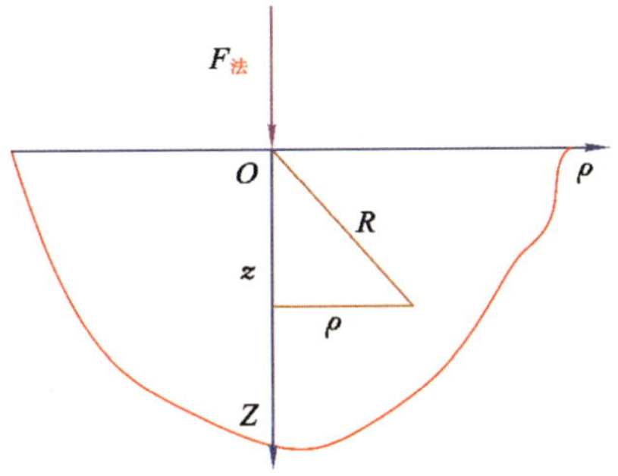

图 2-3　半空间体边界受法向集中力示意图

$$\begin{cases} u_\rho = \dfrac{(1+\mu)F_法}{2\pi ER}\left[\dfrac{\rho z}{R^2} - \dfrac{(1-2\mu)\rho}{R+z}\right] \\ u_z = \dfrac{(1+\mu)F_法}{2\pi ER}\left[2(1-\mu) + \dfrac{z^2}{R^2}\right] \end{cases} \tag{2-1}$$

$$\begin{cases} \sigma_\rho = \dfrac{F_法}{2\pi R^2}\left[\dfrac{(1-2\mu)R}{R+z} - \dfrac{3\rho^2 z}{R^3}\right] \\ \sigma_\varphi = \dfrac{(1-2\mu)F_法}{2\pi R^2}\left(\dfrac{z}{R} - \dfrac{R}{R+z}\right) \\ \sigma_z = -\dfrac{3F_法\, z^3}{2\pi R^5} \\ \tau_{z\rho} = \tau_{\rho z} = -\dfrac{3F_法\, \rho z^2}{2\pi R^5} \end{cases} \tag{2-2}$$

式中　E——半空间弹性体的弹性模量；

μ——半空间弹性体的泊松比；

$R=\sqrt{\rho^2+z^2}$。

在图 2-3 中，ρ 表示岩石平均密度，$F_法$ 表示法向集中力。

根据弹性力学理论中，半空间体在边界上受法向集中力的解答可以知道，研究半空间体接触区域外距圆形区域距离为 R_{ij} 的一点的位移量，可在圆形承载范围内取微分面积 $\mathrm{d}B=a\,\mathrm{d}\psi\mathrm{d}c$，如图 2-4 所示。结合公式(2-3)即可获得接触区域外任意一点沿 Z 轴方向在圆形区域作用下的变形量。

在图 2-4 中，r 表示支架顶梁圆形区域半径；ψ 表示点与圆形区域圆心连线与弦夹角。

$$w = \frac{(1-\mu^2)}{\pi E}\int_{A_{ij}} \frac{p}{a}\mathrm{d}B = \frac{2(1-\mu^2)}{\pi E}\int_0^{\pi}\int_{\psi_{11}}^{\psi_{21}} p\,\mathrm{d}a\,\mathrm{d}\psi \tag{2-3}$$

式中　E——煤岩体的弹性模量；

μ——煤岩体的泊松比；

ψ_{11}——上限，取 0；

ψ_{21}——下限，其公式为：

$$\psi_{11}=0, \psi_{21}=R_{ij}\cos\psi+\sqrt{r^2-R_{ij}{}^2\sin^2\psi}$$

p——作用在圆形区域的载荷。

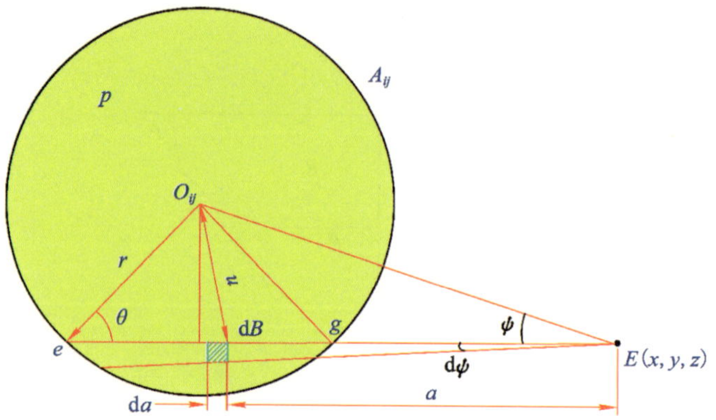

图 2-4　接触范围外一点与受力面积分区域位置关系

因为所考虑的点均为接触区域外，即 $x^2+y^2>r$，因此顶板煤岩体表面接触区域外一点受到划分任意圆形区域的作用下的变形和应力变化情况如式(2-4)至式(2-9)所示。

接触范围外一点变形关系为：

$$
\begin{aligned}
u_{\rho}^{ij} &= \frac{(1+\mu)}{2\pi E}\iint_{A_{ij}} p\,\frac{1}{\sqrt{a^2+z^2}}\left[\frac{az}{a^2+z^2}-\frac{(1-2\mu)a}{\sqrt{a^2+z^2}+z}\right]\mathrm{d}B \\
&= \frac{(1+\mu)}{\pi E}\int_0^{\arcsin\frac{r}{R_{ij}}}\int_{\psi_1}^{\psi_2} p\,\frac{1}{\sqrt{a^2+z^2}}\left[\frac{az}{a^2+z^2}-\frac{(1-2\mu)a}{\sqrt{a^2+z^2}+z}\right]a\,\mathrm{d}a\,\mathrm{d}\psi
\end{aligned}
\tag{2-4}
$$

$$
\begin{aligned}
u_{z}^{ij} &= \frac{(1+\mu)}{2\pi E}\iint_{A_{ij}} p\,\frac{1}{\sqrt{a^2+z^2}}\left[2(1-\mu)+\frac{z^2}{a^2+z^2}\right]\mathrm{d}B \\
&= \frac{(1+\mu)}{\pi E}\int_0^{\arcsin\frac{r}{R_{ij}}}\int_{\psi_1}^{\psi_2} p\,\frac{1}{\sqrt{a^2+z^2}}\left[2(1-\mu)+\frac{z^2}{a^2+z^2}\right]a\,\mathrm{d}a\,\mathrm{d}\psi
\end{aligned}
\tag{2-5}
$$

接触范围外一点变形关系为：

$$
\begin{aligned}
\sigma_{\rho}^{ij} &= \frac{1}{2\pi}\iint_{A_{ij}} p\,\frac{1}{a^2+z^2}\left[\frac{(1-2\mu)\sqrt{a^2+z^2}}{\sqrt{a^2+z^2}+z}-\frac{3a^2z}{(a^2+z^2)^{\frac{3}{2}}}\right]\mathrm{d}B \\
&= \frac{1}{\pi}\int_0^{\arctan\frac{r}{R_{ij}}}\int_{\psi_1}^{\psi_2} p\,\frac{1}{a^2+z^2}\left[\frac{(1-2\mu)\sqrt{a^2+z^2}}{\sqrt{a^2+z^2}+z}-\frac{3a^2z}{(a^2+z^2)^{\frac{3}{2}}}\right]a\,\mathrm{d}a\,\mathrm{d}\psi
\end{aligned}
\tag{2-6}
$$

$$
\begin{aligned}
\sigma_{\varphi}^{ij} &= \frac{(1-2\mu)}{2\pi}\iint_{A_{ij}} p\,\frac{1}{a^2+z^2}\left(\frac{z}{\sqrt{a^2+z^2}}-\frac{\sqrt{a^2+z^2}}{\sqrt{a^2+z^2}+z}\right)\mathrm{d}B \\
&= \frac{(1-2\mu)}{\pi}\int_0^{\arcsin\frac{r}{R_{ij}}}\int_{\psi_1}^{\psi_2} p\,\frac{1}{a^2+z^2}\left(\frac{z}{\sqrt{a^2+z^2}}-\frac{\sqrt{a^2+z^2}}{\sqrt{a^2+z^2}+z}\right)a\,\mathrm{d}a\,\mathrm{d}\psi
\end{aligned}
\tag{2-7}
$$

$$
\begin{aligned}
\sigma_{z}^{ij} &= -\frac{3z^3}{2\pi}\iint_{A_{ij}} p\,(a^2+z^2)-\frac{5}{2}\mathrm{d}B \\
&= -\frac{3z^3}{\pi}\int_0^{\arcsin\frac{r}{R_{ij}}}\int_{\psi_1}^{\psi_2} p\,(a^2+z^2)^{-\frac{5}{2}}a\,\mathrm{d}a\,\mathrm{d}\psi
\end{aligned}
\tag{2-8}
$$

$$\begin{aligned}\tau_{z\rho}{}^{ij} &= \tau_{\rho z}{}^{ij} = -\frac{3z^2}{2\pi}\iint_{A_{ij}} p \frac{a}{(a^2+z^2)^{\frac{5}{2}}}\mathrm{d}B \\ &= -\frac{3z^2}{\pi}\int_0^{\arcsin\frac{r}{R_{ij}}}\int_{\psi_1}^{\psi_2} p \frac{a}{(a^2+z^2)^{\frac{5}{2}}} a\,\mathrm{d}a\,\mathrm{d}\psi\end{aligned} \tag{2-9}$$

式(2-4)至式(2-9)中，$R_{ij}=\sqrt{x_{ij}{}^2+y_{ij}{}^2}$，$\psi_{1,2}=R_{ij}\cos\psi\mp\sqrt{r^2-R_{ij}{}^2\sin^2\psi}$，$i=1,2,3,\cdots,m$；$j=1,2,3,\cdots,n$。

由公式(2-4)至式(2-9)可以知道接触范围外一点 $E(x,y,z)$ 在接触面上任意一个圆形区域载荷作用下的变形及应力状态。若半空间体存在 mn 个圆形接触区域，则对公式(2-4)至公式(2-9)位移和应力线性叠加求和即可获得接触区域外任意一点受到 mn 个圆形接触区域载荷作用下的变形及应力分布状态。由接触区域外任意一点受到接触区域载荷作用下的位移和应力即可获得整个半空间体在 mn 个圆形接触区域载荷作用下的变形及应力分布状态。

半空间体变形关系公式为：

$$\begin{aligned}u_\rho &= \sum_{i=1}^{m}\sum_{j=1}^{n} u_\rho{}^{ij} \\ &= \sum_{i=1}^{m}\sum_{j=1}^{n}\frac{(1+u)}{2\pi E}\iint_{A_{ij}} p\frac{1}{\sqrt{a^2+z^2}}\left[\frac{az}{a^2+z^2}-\frac{(1-2\mu)a}{\sqrt{a^2+z^2}+z}\right]\mathrm{d}B \\ &= \sum_{i=1}^{m}\sum_{j=1}^{n}\frac{(1+u)}{\pi E}\int_0^{\arcsin\frac{r}{R_{ij}}}\int_{\psi_1}^{\psi_2} p\frac{1}{\sqrt{a^2+z^2}}\left[\frac{az}{a^2+z^2}-\frac{(1-2\mu)a}{\sqrt{a^2+z^2}+z}\right]a\,\mathrm{d}a\,\mathrm{d}\psi\end{aligned} \tag{2-10}$$

$$\begin{aligned}u_z &= \sum_{i=1}^{m}\sum_{j=1}^{n} u_z{}^{ij} \\ &= \sum_{i=1}^{m}\sum_{j=1}^{n}\frac{(1+u)}{2\pi E}\iint_{A_{ij}} p\frac{1}{\sqrt{a^2+z^2}}\left[2(1-\mu)+\frac{z^2}{a^2+z^2}\right]\mathrm{d}B \\ &= \sum_{i=1}^{m}\sum_{j=1}^{n}\frac{(1+u)}{\pi E}\int_0^{\arcsin\frac{r}{R_{ij}}}\int_{\psi_1}^{\psi_2} p\frac{1}{\sqrt{a^2+z^2}}\left[2(1-\mu)+\frac{z^2}{a^2+z^2}\right]a\,\mathrm{d}a\,\mathrm{d}\psi\end{aligned} \tag{2-11}$$

半空间体应力关系式为：

$$\begin{aligned}\sigma_\rho &= \sum_{i=1}^{m}\sum_{j=1}^{n}\sigma_\rho{}^{ij} \\ &= \sum_{i=1}^{m}\sum_{j=1}^{n}\frac{1}{2\pi}\iint_{A_{ij}} p\frac{1}{a^2+z^2}\left[\frac{(1-2\mu)\sqrt{a^2+z^2}}{\sqrt{a^2+z^2}+z}-\frac{3a^2z}{(a^2+z^2)^{\frac{3}{2}}}\right]\mathrm{d}B \\ &= \sum_{i=1}^{m}\sum_{j=1}^{n}\frac{1}{\pi}\int_0^{\arctan\frac{r}{R_{ij}}}\int_{\psi_1}^{\psi_2} p\frac{1}{a^2+z^2}\left[\frac{(1-2\mu)\sqrt{a^2+z^2}}{\sqrt{a^2+z^2}+z}-\frac{3a^2z}{(a^2+z^2)^{\frac{3}{2}}}\right]a\,\mathrm{d}a\,\mathrm{d}\psi\end{aligned} \tag{2-12}$$

$$\begin{aligned}\sigma_{\varphi} &= \sum_{i=1}^{m}\sum_{j=1}^{n}\sigma_{\varphi}{}^{ij} \\ &= \sum_{i=1}^{m}\sum_{j=1}^{n}\frac{(1-2\mu)}{2\pi}\iint_{A_{ij}} p\,\frac{1}{a^2+z^2}\left(\frac{z}{\sqrt{a^2+z^2}}-\frac{\sqrt{a^2+z^2}}{\sqrt{a^2+z^2}+z}\right)\mathrm{d}B \\ &= \sum_{i=1}^{m}\sum_{j=1}^{n}\frac{(1-2\mu)}{\pi}\int_{0}^{\arcsin\frac{r}{R_{ij}}}\int_{\psi 1}^{\psi 2} p\,\frac{1}{a^2+z^2}\left(\frac{z}{\sqrt{a^2+z^2}}-\frac{\sqrt{a^2+z^2}}{\sqrt{a^2+z^2}+z}\right)a\,\mathrm{d}a\,\mathrm{d}\psi\end{aligned} \tag{2-13}$$

$$\begin{aligned}\sigma_{z} &= \sum_{i=1}^{m}\sum_{j=1}^{n}\sigma_{z}{}^{ij} \\ &= \sum_{i=1}^{m}\sum_{j=1}^{n}-\frac{3z^3}{2\pi}\iint_{A_{ij}} p\,(a^2+z^2)^{-\frac{5}{2}}\mathrm{d}B \\ &= \sum_{i=1}^{m}\sum_{j=1}^{n}-\frac{3z^3}{\pi}\int_{0}^{\arcsin\frac{r}{R_{ij}}}\int_{\psi 1}^{\psi 2} p\,(a^2+z^2)^{-\frac{5}{2}}a\,\mathrm{d}a\,\mathrm{d}\psi\end{aligned} \tag{2-14}$$

$$\begin{aligned}\tau_{z\rho} &= \sum_{i=1}^{m}\sum_{j=1}^{n}\tau_{z\rho}{}^{ij} = \sum_{i=1}^{m}\sum_{j=1}^{n}\tau_{\rho z}{}^{ij} \\ &= \sum_{i=1}^{m}\sum_{j=1}^{n}-\frac{3z^2}{2\pi}\iint_{A_{ij}} p\,\frac{a}{(a^2+z^2)^{\frac{5}{2}}}\mathrm{d}B \\ &= \sum_{i=1}^{m}\sum_{j=1}^{n}-\frac{3z^2}{\pi}\int_{0}^{\arcsin\frac{r}{R_{ij}}}\int_{\psi 1}^{\psi 2} p\,\frac{a}{(a^2+z^2)^{\frac{5}{2}}}a\,\mathrm{d}a\,\mathrm{d}\psi\end{aligned} \tag{2-15}$$

2.1.2 弹性变形阶段锚固装备托盘-顶板接触力学模型

煤矿井下回采巷道超前段不仅使用超前液压支架组对巷道顶板煤岩体进行支护，同时在掘进过程中对巷道顶板安设锚杆和锚索等锚固装备进行顶板稳定性的维护。锚杆和锚索在作用时主要依靠托盘对煤岩体表面进行接触。现有锚杆和锚索托盘多为正方形结构，在求解半空间体接触范围外受到托盘作用下的位移和应力值在正方形夹角位置处会出现奇异值点，造成相关求解过程的不稳定。为了模型求解方便，将托盘视为一个圆形区域（即正方形内接圆），将托盘对半空间煤岩体接触区域外一点的作用效果转化为接触区域外一点受到圆形区域载荷的影响效果。由于点为接触范围外任意位置，通过线性叠加即可获得锚杆和锚索支护作用下巷道顶板除接触区域外的表面应力和变形量。

根据接触范围外一点受到圆形接触区域载荷作用下的表面应力和变形量求解方法，建立沿巷道走向方向托盘与巷道顶板接触力学模型如图 2-5 所示。设坐标轴 x 轴为巷道宽度方向，y 轴为巷道走向方向，且 y 轴即为巷道左侧边界，左侧锚杆中心距巷道边界为 s，锚杆托盘半径为 $r_{杆}$，作用在每个锚杆托盘上的载荷为 $p_{杆}$，锚索托盘半径为 $r_{索}$，作用在锚索上的载荷为 $p_{索}$，锚杆和锚索间排距为 M、J，左侧锚杆圆形区域为 D_{1t1}，右侧锚杆圆形区域为 D_{2t2}，锚索圆形区域为 T_{vg}。半空间体内共划分锚杆区域左侧、右侧各 n_2 个，锚索圆形区域共 $4n_2$ 个。半空间体中接触范围外一点 $E(x,y,z)$ 到锚杆和锚索中心位置处的距离公式，如式(2-16)至式(2-18)所示。

$$R_{杆1t_1}=\{(x-s)^2+[(t_1-1)M+r_{杆}-y]^2\}^{\frac{1}{2}}\quad(t_1=1,2,3\cdots n_2)\tag{2-16}$$

$$R_{杆2t_2}=\{(j-s-x)^2+[(t_2-1)M+r_{杆}-y]^2\}^{\frac{1}{2}}\quad(t_2=1,2,3\cdots n_2)\tag{2-17}$$

$$R_{索vg}=\{(x-s-vJ)^2+[(g-1)M+r_{索}-y]^2\}^{\frac{1}{2}}(g=1,2,3\cdots n_2),(v=1,2,3,4)\tag{2-18}$$

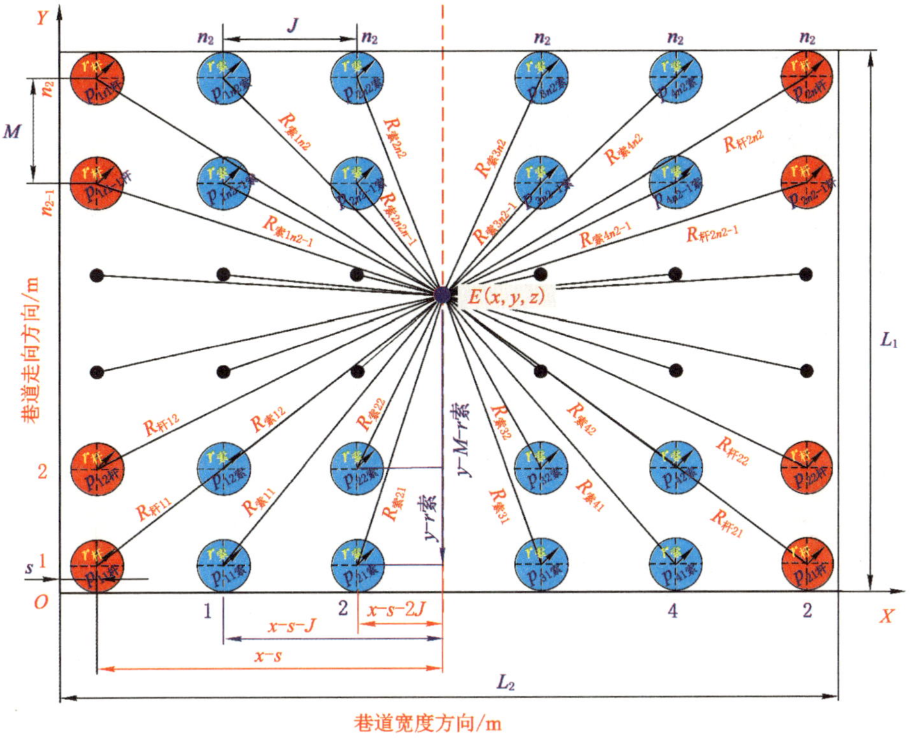

图 2-5　锚固装备托盘与巷道顶板接触力学模型

将公式(2-16)至公式(2-18)带入公式(2-10)至公式(2-15)可以获得锚杆和锚索托盘载荷作用下，巷道顶板煤岩半空间体产生的变形量和应力变化公式，如式(2-19)至式(2-24)所示。

变形量关系公式为：

$$\begin{aligned}u_{锚固\rho}&=u_{锚杆\rho}+u_{锚索\rho}=\sum_{t1=1}^{n2}u_{杆1t_1\rho}+\sum_{t2=1}^{n2}u_{杆2t_2\rho}+\sum_{v=1}^{4}\sum_{g=1}^{n2}u_{索vg\rho}\\&=\sum_{t_1=1}^{n_2}\frac{(1+\mu)}{\pi E}\int_0^{\arcsin\frac{r_{杆}}{R_{杆1t1}}}\int_{\psi_1}^{\psi_2}p_{杆1t_1}\frac{1}{\sqrt{a_{1杆}{}^2+z^2}}\left[\frac{a_{1杆}z}{a_{1杆}{}^2+z^2}-\frac{(1-2\mu)a_{1杆}}{\sqrt{a_{1杆}{}^2+z^2}+z}\right]a_{1杆}\,\mathrm{d}a_{1杆}\,\mathrm{d}\psi_{1杆}+\\&\sum_{t_2=1}^{n_2}\frac{(1+\mu)}{\pi E}\int_0^{\arcsin\frac{r_{杆}}{R_{杆2t2}}}\int_{\psi_3}^{\psi_4}p_{杆2t_2}\frac{1}{\sqrt{a_{2杆}{}^2+z^2}}\left[\frac{a_{2杆}z}{a_{2杆}{}^2+z^2}-\frac{(1-2\mu)a_{2杆}}{\sqrt{a_{2杆}{}^2+z^2}+z}\right]a_{2杆}\,\mathrm{d}a_{2杆}\,\mathrm{d}\psi_{2杆}+\\&\sum_{v=1}^{4}\sum_{g=1}^{n2}\int_0^{\arcsin\frac{r_{索}}{R_{索vg}}}\int_{\psi_5}^{\psi_6}p_{索vg}\frac{1}{\sqrt{a_{v索}{}^2+z^2}}\left[\frac{a_{v索}z}{a_{v索}{}^2+z^2}-\frac{(1-2\mu)a_{v索}}{\sqrt{a_{v索}{}^2+z^2}+z}\right]a_{v索}\,\mathrm{d}a_{v索}\,\mathrm{d}\psi_{v索}\end{aligned}\tag{2-19}$$

$$u_{锚固z}=u_{锚杆z}+u_{锚索z}=\sum_{t1=1}^{n2}u_{z杆1t1}+\sum_{t2=1}^{n2}u_{z杆2t2}+\sum_{v=1}^{4}\sum_{g=1}^{n2}u_{z索vg}$$

$$=\sum_{t1=1}^{n2}\frac{(1+\mu)}{\pi E}\int_0^{\arcsin\frac{r_杆}{R_{杆1t1}}}\int_{\psi_1}^{\psi_2}p_{杆1t1}\frac{1}{\sqrt{{a_{1杆}}^2+z^2}}\left[2(1-\mu)+\frac{z^2}{{a_{1杆}}^2+z^2}\right]a_{1杆}\,da_{1杆}\,d\psi_{1杆}+$$

$$\sum_{t2=1}^{n2}\frac{(1+\mu)}{\pi E}\int_0^{\arcsin\frac{r_杆}{R_{杆2t2}}}\int_{\psi_3}^{\psi_4}p_{杆2t2}\frac{1}{\sqrt{{a_{2杆}}^2+z^2}}\left[2(1-\mu)+\frac{z^2}{{a_{2杆}}^2+z^2}\right]a_{2杆}\,da_{2杆}\,d\psi_{2杆}+$$

$$\sum_{v=1}^{4}\sum_{g=1}^{n2}\frac{(1+\mu)}{\pi E}\int_0^{\arcsin\frac{r_索}{R_{索vg}}}\int_{\psi_5}^{\psi_6}p_{索vg}\frac{1}{\sqrt{{a_{v索}}^2+z^2}}\left[2(1-\mu)+\frac{z^2}{{a_{v索}}^2+z^2}\right]a_{v索}\,da_{v索}\,d\psi_{v索}$$

(2-20)

应力关系公式为：

$$\sigma_{锚固\rho}=\sigma_{锚杆\rho}+\sigma_{锚索\rho}=\sum_{t1=1}^{n2}\sigma_{杆1t1\rho}+\sum_{t2=1}^{n2}\sigma_{杆2t2\rho}+\sum_{v=1}^{4}\sum_{g=1}^{n2}\sigma_{索vg\rho}$$

$$=\sum_{t1=1}^{n2}\frac{1}{\pi}\int_0^{\arctan\frac{r_杆}{R_{杆1t1}}}\int_{\psi_1}^{\psi_2}p_{杆1t1}\frac{1}{{a_{1杆}}^2+z^2}\left[\frac{(1-2\mu)\sqrt{{a_{1杆}}^2+z^2}}{\sqrt{{a_{1杆}}^2+z^2}+z}-\frac{3{a_{1杆}}^2z}{({a_{1杆}}^2+z^2)^{\frac{3}{2}}}\right]a_{1杆}\,da_{1杆}\,d\psi_{1杆}+$$

$$\sum_{t2=1}^{n2}\frac{1}{\pi}\int_0^{\arctan\frac{r_杆}{R_{杆2t2}}}\int_{\psi_3}^{\psi_4}p_{杆2t2}\frac{1}{{a_{2杆}}^2+z^2}\left[\frac{(1-2\mu)\sqrt{{a_{2杆}}^2+z^2}}{\sqrt{{a_{2杆}}^2+z^2}+z}-\frac{3{a_{2杆}}^2z}{({a_{2杆}}^2+z^2)^{\frac{3}{2}}}\right]a_{2杆}\,da_{2杆}\,d\psi_{2杆}+$$

$$\sum_{v=1}^{4}\sum_{g=1}^{n2}\frac{1}{\pi}\int_0^{\arctan\frac{r_索}{R_{索vg}}}\int_{\psi_5}^{\psi_6}p_{索vg}\frac{1}{{a_{v索}}^2+z^2}\left[\frac{(1-2\mu)\sqrt{{a_{v索}}^2+z^2}}{\sqrt{{a_{v索}}^2+z^2}+z}-\frac{3{a_{v索}}^2z}{({a_{v索}}^2+z^2)^{\frac{3}{2}}}\right]a_{v索}\,da_{v索}\,d\psi_{v索}$$

(2-21)

$$\sigma_{锚固\varphi}=\sigma_{锚杆\varphi}+\sigma_{锚索\varphi}=\sum_{t1=1}^{n2}\sigma_{杆1t1\varphi}+\sum_{t2=1}^{n2}\sigma_{杆2t2\varphi}+\sum_{v=1}^{4}\sum_{g=1}^{n2}\sigma_{索vg\varphi}$$

$$=\sum_{t1=1}^{n2}\frac{(1-2\mu)}{\pi}\int_0^{\arcsin\frac{r_杆}{R_{杆1t1}}}\int_{\psi_1}^{\psi_2}p_{杆1t1}\frac{1}{{a_{1杆}}^2+z^2}\left(\frac{z}{\sqrt{{a_{1杆}}^2+z^2}}-\frac{\sqrt{{a_{1杆}}^2+z^2}}{\sqrt{{a_{1杆}}^2+z^2}+z}\right)a_{1杆}\,da_{1杆}\,d\psi_{1杆}+$$

$$\sum_{t2=1}^{n2}\frac{(1-2\mu)}{\pi}\int_0^{\arcsin\frac{r_杆}{R_{杆2t2}}}\int_{\psi_3}^{\psi_4}p_{杆2t2}\frac{1}{{a_{2杆}}^2+z^2}\left(\frac{z}{\sqrt{{a_{2杆}}^2+z^2}}-\frac{\sqrt{{a_{2杆}}^2+z^2}}{\sqrt{{a_{2杆}}^2+z^2}+z}\right)a_{2杆}\,da_{2杆}\,d\psi_{2杆}+$$

$$\sum_{v=1}^{4}\sum_{g=1}^{n2}\frac{(1-2\mu)}{\pi}\int_0^{\arcsin\frac{r_索}{R_{vg}}}\int_{\psi_5}^{\psi_6}p_{索vg}\frac{1}{{a_{v索}}^2+z^2}\left(\frac{z}{\sqrt{{a_{v索}}^2+z^2}}-\frac{\sqrt{{a_{v索}}^2+z^2}}{\sqrt{{a_{v索}}^2+z^2}+z}\right)a_{v索}\,da_{v索}\,d\psi_{v索}$$

(2-22)

$$
\begin{aligned}
\sigma_{锚固z} &= \sigma_{锚杆z} + \sigma_{锚索z} = \sum_{t1=1}^{n2} \sigma_{杆1t1} + \sum_{t2=1}^{n2} \sigma_{杆2t2} + \sum_{v=1}^{4} \sum_{g=1}^{n2} \sigma_{索vg} \\
&= \sum_{t1=1}^{n2} -\frac{3z^3}{\pi} \int_0^{\arcsin\frac{r_{杆}}{R_{杆1t1}}} \int_{\psi_1}^{\psi_2} p_{杆1t1} \cdot (a_{1杆}{}^2 + z^2)^{-\frac{5}{2}} a_{1杆} \mathrm{d}a_{1杆} \mathrm{d}\psi_{1杆} + \\
&\quad \sum_{t2=1}^{n2} -\frac{3z^3}{\pi} \int_0^{\arcsin\frac{r_{杆}}{R_{杆2t2}}} \int_{\psi_3}^{\psi_4} p_{杆2t2} \cdot (a_{2杆}{}^2 + z^2)^{-\frac{5}{2}} a_{2杆} \mathrm{d}a_{2杆} \mathrm{d}\psi_{2杆} + \\
&\quad \sum_{v=1}^{4} \sum_{g=1}^{n2} -\frac{3z^3}{\pi} \int_0^{\arcsin\frac{r_{索}}{R_{索vg}}} \int_{\psi_5}^{\psi_6} p_{索vg} \cdot (a_{v索}{}^2 + z^2)^{-\frac{5}{2}} a_{v索} \mathrm{d}a_{v索} \mathrm{d}\psi_{v索}
\end{aligned} \tag{2-23}
$$

$$
\begin{aligned}
\tau_{锚固z\rho} &= \tau_{杆z\rho} + \tau_{索z\rho} = \tau_{杆\rho z} + \tau_{索\rho z} = \sum_{t1=1}^{n2} \tau_{杆1t1z\rho} + \sum_{t2=1}^{n2} \tau_{杆2t2z\rho} + \sum_{v=1}^{4} \sum_{g=1}^{n2} \tau_{索vgz\rho} \\
&= \sum_{t1=1}^{n2} -\frac{3z^2}{\pi} \int_0^{\arcsin\frac{r_{杆}}{R_{杆1t1}}} \int_{\psi_1}^{\psi_2} p_{杆1t1} \frac{a_{1杆}}{(a_{1杆}{}^2 + z^2)^{\frac{5}{2}}} a_{1杆} \mathrm{d}a_{1杆} \mathrm{d}\psi_{1杆} + \\
&\quad \sum_{t2=1}^{n2} -\frac{3z^2}{\pi} \int_0^{\arcsin\frac{r_{杆}}{R_{杆2t2}}} \int_{\psi_3}^{\psi_4} p_{杆2t2} \frac{a_{2杆}}{(a_{2杆}{}^2 + z^2)^{\frac{5}{2}}} a_{2杆} \mathrm{d}a_{2杆} \mathrm{d}\psi_{2杆} + \\
&\quad \sum_{v=1}^{4} \sum_{g=1}^{n2} -\frac{3z^2}{\pi} \int_0^{\arcsin\frac{r_{索}}{R_{索vg}}} \int_{\psi_5}^{\psi_6} p_{索vg} \frac{a_{v索}}{(a_{v索}{}^2 + z^2)^{\frac{5}{2}}} a_{v索} \mathrm{d}a_{v索} \mathrm{d}\psi_{v索}
\end{aligned} \tag{2-24}
$$

其中

$$\psi_{1,2} = R_{杆1t1} \cos \psi_{杆} \mp \sqrt{r_{杆}{}^2 - R_{杆1t1}{}^2 \sin^2 \psi_{杆}}$$

$$\psi_{3,4} = R_{杆2t2} \cos \psi_{杆} \mp \sqrt{r_{杆}{}^2 - R_{杆2t2}{}^2 \sin^2 \psi_{杆}}$$

$$\psi_{5,6} = R_{索vg} \cos \psi_{索} \mp \sqrt{r_{索}{}^2 - R_{索vg}{}^2 \sin^2 \psi_{索}}$$

式中 t_1——系数，$t_1=1,2,3,\cdots,n_2$；

t_2——系数，$t_2=1,2,3,\cdots,n_2$；

v——系数，$v=1,2,3,4$；

g——系数，$g=1,2,3,\cdots,n_2$；

$a_{1杆}$——点到锚杆 1 微元距离；

$a_{2杆}$——点到锚杆 2 微元距离；

$a_{v索}$——点到锚索 v 微元距离；

$\psi_{1杆}$——点与锚杆 1 圆心连线与弦夹角；

$\psi_{2杆}$——点与锚杆 2 圆心连线与弦夹角；

$\psi_{v索}$——点与锚索 v 圆心连线与弦夹角。

2.1.3 弹性变形阶段超前液压支架组顶梁-顶板接触力学模型

研究超前液压支架组顶梁支护巷道顶板煤岩体过程中顶板煤岩体应力和变形量变化情况。由超前液压支架组结构可以知道，超前液压支架组分为左右两列，其顶梁位置按照支架中线位置呈对称结构分布，故研究超前液压支架组支护巷道顶板煤岩体的力学特性，可简化为研究单列超前液压支架顶梁支护巷道煤岩体力学特性。根据支架对称结构特性结合线性叠加理论，即可获得超前液压支架组-顶板接触力学模型。

（1）单列顶梁-顶板接触力学模型

根据超前液压支架组支护巷道顶板时的接触形式可以知道，在支护过程中超前液压支架主要依靠顶梁上表面与巷道顶板进行接触。顶梁为矩形面。设顶梁长度为 c，宽度为 b，在支架支护顶板煤岩体的时候，接触面为矩形接触面，如图 2-6 所示。但是在半空间体的应力及位移量的计算过程中，矩形区域在积分求解时顶点处存在不可积分或者结果奇异现象，造成求解过程的不稳定。因此为了模型求解方便，将矩形接触区域划分为沿顶梁长度方向 n_1 列、沿顶梁宽度方向 m_1 行的半径为 r 的圆形区域，圆形区域为 C_{uo} 表示，且假设超前液压支架立柱作用在每个圆形区域内的载荷相同。

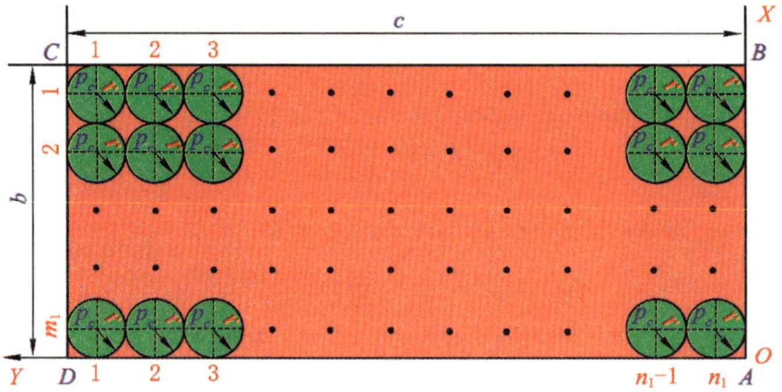

图 2-6　顶梁矩形接触区域划分圆形接触

巷道顶板煤岩体上顶梁接触范围外一点 $E(x,y,z)$ 在顶梁接触支护作用时受到的应力和变形量情况，可转化为接触范围外一点 $E(x,y,z)$ 在圆形区域作用下所产生的应力和变形量变化情况，如图 2-7 所示。因为将超前液压支架顶梁视为 m_1n_1 个半径为 r 的圆形区域组成，因此可求出不同位置处圆形区域对接触范围外一点应力和变形量，进而获得单列顶梁接触支护过程中接触范围外巷道顶板煤岩体应力和变形量。

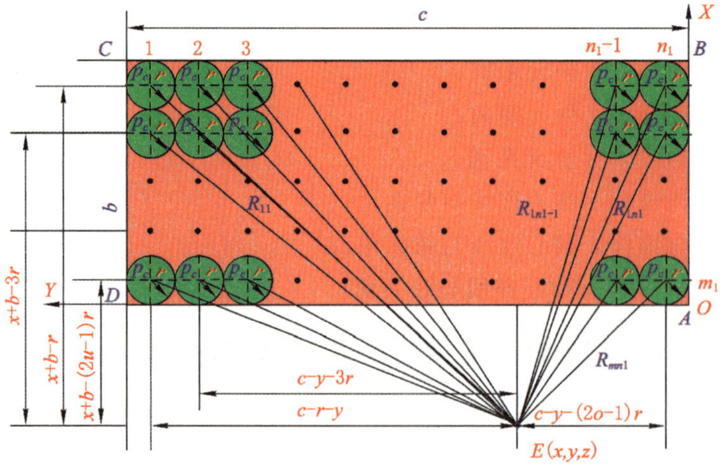

图 2-7　煤岩体接触范围外任意点受到顶梁作用示意图

其中接触区外点 $E(x,y,z)$ 到圆形区域圆点的距离 R_{uo} 与划分圆形区域半径间关系如式(2-25)所示。

$$R_{uo}^2 = [x + b - (2u - 1)r]^2 + [c - y - (2o - 1)r]^2$$
$$(u = 1,2,3,\cdots,m_1; o = 1,2,3,\cdots,n_1) \tag{2-25}$$

将公式(2-25)代入式(2-10)至式(2-15),可以获得巷道顶板煤岩体受到单列顶梁作用下应力和变形量关系式,如式(2-26)至式(2-31)所示。

变形量关系公式为:

$$\begin{aligned}
u_\rho &= \sum_{u=1}^{m1}\sum_{o=1}^{n1} u_\rho{}^{uo} \\
&= \sum_{u=1}^{m1}\sum_{o=1}^{n1} \frac{(1+\mu)}{2\pi E}\iint_{C_{uo}} p_c \frac{1}{\sqrt{a_{梁}{}^2 + z^2}}\left[\frac{a_{梁}\, z}{a_{梁}{}^2 + z^2} - \frac{(1-2\mu)a_{梁}}{\sqrt{a_{梁}{}^2 + z^2} + z}\right]\mathrm{d}B_{梁} \\
&= \sum_{u=1}^{m1}\sum_{0=1}^{n1} \frac{(1+\mu)}{\pi E}\int_0^{\arcsin\frac{r}{R_{uo}}}\int_{\psi 7}^{\psi 8} p_c \frac{1}{\sqrt{a_{梁}{}^2 + z^2}}\left[\frac{a_{梁}\, z}{a_{梁}{}^2 + z^2} - \frac{(1-2\mu)a_{梁}}{\sqrt{a_{梁}{}^2 + z^2} + z}\right]a_{梁}\,\mathrm{d}a_{梁}\,\mathrm{d}\psi_{梁}
\end{aligned} \tag{2-26}$$

$$\begin{aligned}
u_z &= \sum_{u=1}^{m1}\sum_{o=1}^{n1} u_z{}^{uo} \\
&= \sum_{u=1}^{m1}\sum_{o=1}^{n1} \frac{(1+\mu)}{2\pi E}\iint_{C_{uo}} p_c \frac{1}{\sqrt{a_{梁}{}^2 + z^2}}\left[2(1-\mu) + \frac{z^2}{a_{梁}{}^2 + z^2}\right]\mathrm{d}B_{梁} \\
&= \sum_{u=1}^{m1}\sum_{o=1}^{n1} \frac{(1+\mu)}{\pi E}\int_0^{\arcsin\frac{r}{R_{uo}}}\int_{\psi 7}^{\psi 8} p_c \frac{1}{\sqrt{a_{梁}{}^2 + z^2}}\left[2(1-\mu) + \frac{z^2}{a_{梁}{}^2 + z^2}\right]a_{梁}\,\mathrm{d}a_{梁}\,\mathrm{d}\psi_{梁}
\end{aligned} \tag{2-27}$$

应力关系公式为:

$$\begin{aligned}
\sigma_\rho &= \sum_{u=1}^{m1}\sum_{o=1}^{n1} \sigma_\rho{}^{uo} \\
&= \sum_{u=1}^{m1}\sum_{o=1}^{n1} \frac{1}{2\pi}\iint_{C_{uo}} p_c \frac{1}{a_{梁}{}^2 + z^2}\left[\frac{(1-2\mu)\sqrt{a_{梁}{}^2 + z^2}}{\sqrt{a^2 + z^2} + z} - \frac{3a_{梁}{}^2 z}{(a^2 + z^2)^{\frac{3}{2}}}\right]\mathrm{d}B_{梁} \\
&= \sum_{u=1}^{m1}\sum_{o=1}^{n1} \frac{1}{\pi}\int_0^{\arctan\frac{r}{R_{uo}}}\int_{\psi 7}^{\psi 8} p_c \frac{1}{a_{梁}{}^2 + z^2}\left[\frac{(1-2\mu)\sqrt{a_{梁}{}^2 + z^2}}{\sqrt{a_{梁}{}^2 + z^2} + z} - \frac{3a_{梁}{}^2 z}{(a_{梁}{}^2 + z^2)^{\frac{3}{2}}}\right]a_{梁}\,\mathrm{d}a_{梁}\,\mathrm{d}\psi_{梁}
\end{aligned} \tag{2-28}$$

$$\begin{aligned}
\sigma_\varphi &= \sum_{s=1}^{m1}\sum_{o=1}^{n1} \sigma_\varphi{}^{uo} \\
&= \sum_{u=1}^{m1}\sum_{o=1}^{n1} \frac{(1-2\mu)}{2\pi}\iint_{C_{uo}} p_c \frac{1}{a_{梁}{}^2 + z^2}\left(\frac{z}{\sqrt{a_{梁}{}^2 + z^2}} - \frac{\sqrt{a_{梁}{}^2 + z^2}}{\sqrt{a_{梁}{}^2 + z^2} + z}\right)\mathrm{d}B_{梁} \\
&= \sum_{u=1}^{m1}\sum_{o=1}^{n1} \frac{(1-2\mu)}{\pi}\int_0^{\arcsin\frac{r}{R_{uo}}}\int_{\psi 7}^{\psi 8} p_c \frac{1}{a_{梁}{}^2 + z^2}\left(\frac{z}{\sqrt{a_{梁}{}^2 + z^2}} - \frac{\sqrt{a_{梁}{}^2 + z^2}}{\sqrt{a_{梁}{}^2 + z^2} + z}\right)a_{梁}\,\mathrm{d}a_{梁}\,\mathrm{d}\psi_{梁}
\end{aligned} \tag{2-29}$$

$$\begin{aligned}\sigma_z &= \sum_{u=1}^{m_1}\sum_{o=1}^{n_1}\sigma_z{}^{uo} \\ &= \sum_{u=1}^{m_1}\sum_{o=1}^{n_1} - \frac{3z^3}{2\pi}\iint_{C_{uo}} p_c\,(a_{梁}{}^2 + z^2)^{-\frac{5}{2}}\,\mathrm{d}B_{梁} \\ &= \sum_{u=1}^{m_1}\sum_{o=1}^{n_1} - \frac{3z^3}{\pi}\int_0^{\arcsin\frac{r}{R_{uo}}}\int_{\psi_7}^{\psi_8} p_c\,(a_{梁}{}^2 + z^2)^{-\frac{5}{2}} a_{梁}\,\mathrm{d}a_{梁}\,\mathrm{d}\psi_{梁}\end{aligned} \tag{2-30}$$

$$\begin{aligned}\tau_{z\rho} &= \sum_{i=1}^{m_1}\sum_{j=1}^{n_1}\tau_{z\rho}{}^{uo} = \sum_{u=1}^{m_1}\sum_{o=1}^{n_1}\tau_{\rho z}{}^{uo} \\ &= \sum_{u=1}^{m_1}\sum_{o=1}^{n_1} - \frac{3z^2}{2\pi}\iint_{C_{uo}} p_c\,\frac{a_{梁}}{(a_{梁}{}^2 + z^2)^{\frac{5}{2}}}\,\mathrm{d}B_{梁} \\ &= \sum_{u=1}^{m_1}\sum_{o=1}^{n_1} - \frac{3z^2}{\pi}\int_0^{\arcsin\frac{r}{R_{uo}}}\int_{\psi_7}^{\psi_8} p_c\,\frac{a_{梁}}{(a_{梁}{}^2 + z^2)^{\frac{5}{2}}} a_{梁}\,\mathrm{d}a_{梁}\,\mathrm{d}\psi_{梁}\end{aligned} \tag{2-31}$$

其中

$$\psi_{7,8} = R_{左uo}\cos\psi_{梁} \mp \sqrt{r^2 - R_{左uo}{}^2\sin^2\psi_{梁}}$$

$$p_c = Q_{工作阻力}/m_1 n_1$$

式中 $a_{梁}$——点到梁圆形区域微元距离；

$\psi_{梁}$——点与顶梁圆形区域圆心连线与弦夹角。

（2）双梁叠加-顶板接触力学模型

基于超前液压支架单列顶梁-顶板接触力学模型的研究结果，建立超前液压支架双梁与巷道顶板接触模型如图 2-8 所示。坐标系 x 轴为巷道宽度方向，y 轴为巷道走向方向，左侧接触圆形使用 C_{uo} 表示，右侧接触圆形区域使用 B_{uo} 表示。设巷道宽度为 L_2、长度为 L_1、支架顶梁距巷道两侧距离为 L、支架尾端距坐标轴为 Q、两组支架顶梁间距为 N、支架顶梁宽度为 b、支架顶梁长度为 c、圆形区域半径为 r，则巷道顶板煤岩体半空间平面任意一点到支架组两侧顶梁的距离如式(2-32)和式(2-33)所示。

$$R_{右uo}{}^2 = [x - (L + b + N) - (2u - 1)r]^2 + [y - Q - (2o - 1)r]^2 \tag{2-32}$$

$$R_{左uo}{}^2 = [x - L - (2u - 1)r]^2 + [y - Q - (2o - 1)r]^2 \tag{2-33}$$

其中，$u = 1,2,3,\cdots,m_1$，$o = 1,2,3,\cdots,n_1$。

将公式(2-32)、公式(2-33)带入公式(2-26)至公式(2-31)采用叠加原理将左侧顶梁与右侧顶梁对巷道顶板煤岩体上接触范围外的应力和变形量进行叠加运算，即可获得超前液压支架组支护顶板煤岩体过程中顶板产生的应力和变形量关系式，如公式(2-34)至公式(2-39)所示。

顶板煤岩体变形量关系公式为：

$$\begin{aligned}u_{支\rho} &= u_{左\rho} + u_{右\rho} = \sum_{u=1}^{m_1}\sum_{o=1}^{n_1}(u_{左\rho}{}^{uo} + u_{右\rho}{}^{uo}) \\ &= \sum_{u=1}^{m_1}\sum_{o=1}^{n_1}\frac{(1+\mu)}{\pi E}\left\{\begin{aligned}&\int_0^{\arcsin\frac{r}{R左uo}}\int_{\psi_7}^{\psi_8} p_c\,\frac{1}{\sqrt{a_{左梁}{}^2 + z^2}}\left[\frac{a_{左梁}z}{a_{左梁}{}^2 + z^2} - \frac{(1-2\mu)a_{左梁}}{\sqrt{a_{左梁}{}^2 + z^2} + z}\right]a_{左梁}\,\mathrm{d}a_{左梁}\,\mathrm{d}\psi_{左梁} + \\ &\int_0^{\arcsin\frac{r}{R右uo}}\int_{\psi_9}^{\psi_{10}} p_c\,\frac{1}{\sqrt{a_{左梁}{}^2 + z^2}}\left[\frac{a_{左梁}z}{a_{左梁}{}^2 + z^2} - \frac{(1-2\mu)a_{左梁}}{\sqrt{a_{左梁}{}^2 + z^2} + z}\right]a_{左梁}\,\mathrm{d}a_{左梁}\,\mathrm{d}\psi_{左梁}\end{aligned}\right\}\end{aligned} \tag{2-34}$$

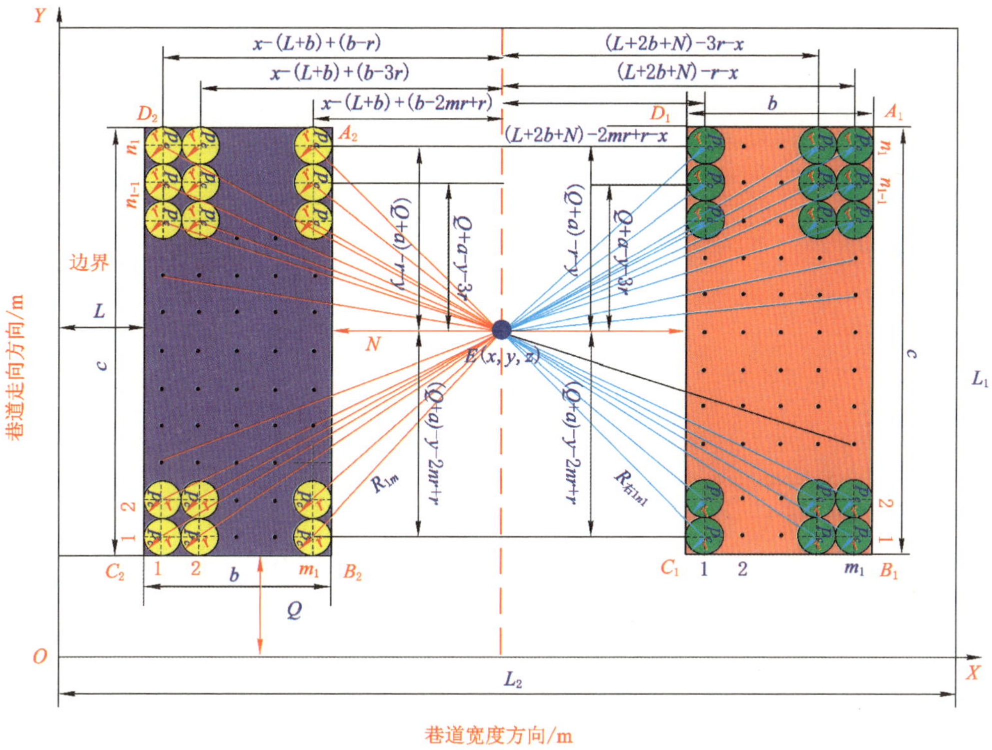

图 2-8　超前液压支架组顶梁支护巷道顶板煤岩体模型

$$
u_{支z}=u_{左z}+u_{右z}=\sum_{u=1}^{m1}\sum_{o=1}^{n1}(u_{左z}{}^{uo}+u_{右z}{}^{uo})
$$

$$
=\sum_{u=1}^{m1}\sum_{o=1}^{n1}\frac{(1+\mu)}{\pi E}\left\{\begin{aligned}&\int_0^{\arcsin\frac{r}{R左uo}}\int_{\psi_7}^{\psi_8}p_{c力}\frac{1}{\sqrt{a_{左梁}{}^2+z^2}}\left[2(1-\mu)+\frac{z^2}{a_{左梁}{}^2+z^2}\right]a_{左梁}\mathrm{d}a_{左梁}\mathrm{d}\psi_{左梁}+\\&\int_0^{\arcsin\frac{r}{R右uo}}\int_{\psi_9}^{\psi_{10}}p_c\frac{1}{\sqrt{a_{右梁}{}^2+z^2}}\left[2(1-\mu)+\frac{z^2}{a_{右梁}{}^2+z^2}\right]a_{右梁}\mathrm{d}a_{右梁}\mathrm{d}\psi_{右梁}\end{aligned}\right\}
\tag{2-35}
$$

顶板煤岩体应力关系公式为：

$$
\sigma_{支\rho}=\sigma_{左\rho}+\sigma_{右\rho}=\sum_{u=1}^{m1}\sum_{o=1}^{n1}(\sigma_{左\rho}{}^{uo}+\sigma_{右\rho}{}^{uo})
$$

$$
=\sum_{u=1}^{m1}\sum_{s=1}^{n1}\frac{1}{\pi}\left\{\begin{aligned}&\int_0^{\arctan\frac{r}{R左uo}}\int_{\psi_7}^{\psi_8}p_c\frac{1}{a_{左梁}{}^2+z^2}\left[\frac{(1-2\mu)\sqrt{a_{左梁}{}^2+z^2}}{\sqrt{a_{左梁}{}^2+z^2}+z}-\frac{3a_{左梁}{}^2z}{(a_{左梁}{}^2+z^2)^{\frac{3}{2}}}\right]a_{左梁}\mathrm{d}a_{左梁}\mathrm{d}\psi_{左梁}+\\&\int_0^{\arctan\frac{r}{R右uo}}\int_{\psi_9}^{\psi_{10}}p_c\frac{1}{a_{右梁}{}^2+z^2}\left[\frac{(1-2\mu)\sqrt{a_{右梁}{}^2+z^2}}{\sqrt{a_{右梁}{}^2+z^2}+z}-\frac{3a_{右梁}{}^2z}{(a_{右梁}{}^2+z^2)^{\frac{3}{2}}}\right]a_{右梁}\mathrm{d}a_{右梁}\mathrm{d}\psi_{右梁}\end{aligned}\right\}
\tag{2-36}
$$

$$\sigma_{支\varphi}=\sigma_{左\varphi}+\sigma_{右\varphi}=\sum_{u=1}^{m1}\sum_{o=1}^{n1}(\sigma_{左\varphi}{}^{uo}+\sigma_{右\varphi}{}^{uo})$$

$$=\sum_{u=1}^{m1}\sum_{o=1}^{n1}\frac{(1-2\mu)}{\pi}\left\{\begin{aligned}&\int_0^{\arcsin\frac{r}{R左uo}}\int_{\psi7}^{\psi8}p_c\frac{1}{a_{左梁}{}^2+z^2}\left(\frac{z}{\sqrt{a_{左梁}{}^2+z^2}}-\frac{\sqrt{a_{左梁}{}^2+z^2}}{\sqrt{a_{左梁}{}^2+z^2}+z}\right)a_{左梁}\mathrm{d}a_{左梁}\mathrm{d}\psi_{左梁}+\\&\int_0^{\arcsin\frac{r}{R右uo}}\int_{\psi9}^{\psi10}p_c\frac{1}{a_{右梁}{}^2+z^2}\left(\frac{z}{\sqrt{a_{右梁}{}^2+z^2}}-\frac{\sqrt{a_{右梁}{}^2+z^2}}{\sqrt{a_{右梁}{}^2+z^2}+z}\right)a_{右梁}\mathrm{d}a_{右梁}\mathrm{d}\psi_{右梁}\end{aligned}\right\}\tag{2-37}$$

$$\sigma_{支z}=\sigma_{左z}+\sigma_{右z}=\sum_{u=1}^{m1}\sum_{o=1}^{n1}(\sigma_{左z}{}^{uo}+\sigma_{右z}{}^{uo})$$

$$=\sum_{u=1}^{m1}\sum_{o=1}^{n1}-\frac{3z^3}{\pi}\left\{\begin{aligned}&\int_0^{\arcsin\frac{r}{R左uo}}\int_{\psi7}^{\psi8}p_c\,(a_{左梁}{}^2+z^2)^{-\frac{5}{2}}a_{左梁}\mathrm{d}a_{左梁}\mathrm{d}\psi_{左梁}+\\&\int_0^{\arcsin\frac{r}{R右uo}}\int_{\psi9}^{\psi10}p_c\,(a_{右梁}{}^2+z^2)^{-\frac{5}{2}}a_{右梁}\mathrm{d}a_{右梁}\mathrm{d}\psi_{右梁}\end{aligned}\right\}\tag{2-38}$$

$$\tau_{支z\rho}=\tau_{左z\rho}+\tau_{右z\rho}=\sum_{u=1}^{m1}\sum_{o=1}^{n1}(\tau_{左z\rho}{}^{uo}+\tau_{右z\rho}{}^{uo})=\sum_{u=1}^{m1}\sum_{o=1}^{n1}(\tau_{左\rho z}{}^{uo}+\tau_{右\rho z}{}^{uo})$$

$$=\sum_{u=1}^{m1}\sum_{o=1}^{n1}-\frac{3z^2}{\pi}\left\{\begin{aligned}&\int_0^{\arcsin\frac{r}{R左uo}}\int_{\psi7}^{\psi8}p_c\frac{a_{左梁}}{(a_{左梁}{}^2+z^2)^{\frac{5}{2}}}a_{左梁}\mathrm{d}a_{左梁}\mathrm{d}\psi_{左梁}+\\&\int_0^{\arcsin\frac{r}{R右uo}}\int_{\psi9}^{\psi10}p_c\frac{a_{右梁}}{(a_{右梁}{}^2+z^2)^{\frac{5}{2}}}a_{右梁}\mathrm{d}a_{右梁}\mathrm{d}\psi_{右梁}\end{aligned}\right\}\tag{2-39}$$

其中

$$\psi_{9,10}=R_{右so}\cos\psi_{梁}\mp\sqrt{r^2-R_{右so}{}^2\sin^2\psi_{梁}}$$

式中 $a_{左梁}$——点到左侧梁圆形区域微元距离；

$\psi_{左梁}$——点与左侧顶梁圆形区域圆心连线与弦夹角；

$a_{右梁}$——点到右侧梁圆形区域微元距离；

$\psi_{右梁}$——点与右侧顶梁圆形区域圆心连线与弦夹角。

2.1.4 锚支影响下超前液压支架组-顶板接触力学模型

煤矿井下综采工作面回采巷道超前段巷道顶板依靠超前液压支架组和锚固装备共同维护其完整性。研究巷道超前段支护设备对巷道顶板煤岩体的作用需要考虑超前液压支架组和锚固装备联合作用下对巷道顶板的支护作用，即考虑巷道顶板煤岩体半空间体平面上接触范围外在锚杆、锚索托盘和支架顶梁载荷作用下的变形量和应力情况。

超前液压支架组顶梁、锚固装备托盘与巷道顶板半空间体接触形式如图 2-9 所示。设支架顶梁距工作面侧锚杆、锚索圆形中心距离为 C，支架顶梁前端紧邻锚杆、锚索圆形中心距离为 D。根据叠加原理将锚杆、锚索和超前液压支架组顶梁对巷道顶板煤岩体半空间体接触范围外在超前支护装备作用下的变形量和应力值进行叠加即可获得联合作用下巷道顶板的变形量和应力值变化情况。叠加超前液压支架组顶梁、锚杆和锚索支护顶板煤岩体变形量和应力关系式，如式(2-40)至式(2-45)所示。

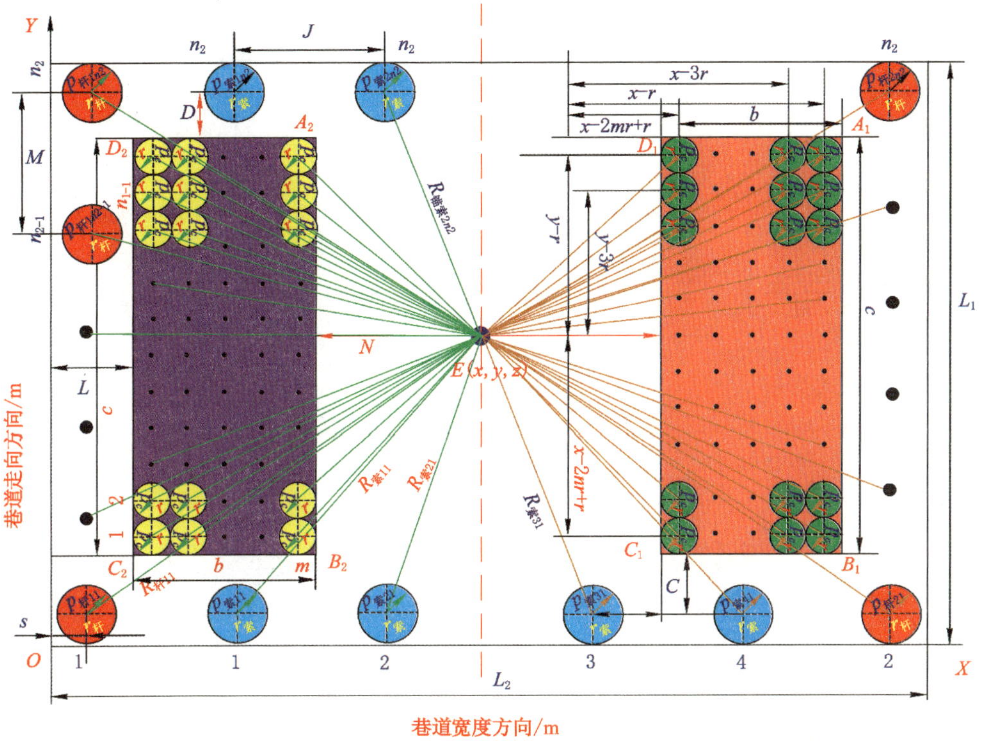

图 2-9　单组超前液压支架锚固联合支护巷道顶板煤岩体模型

变形量关系式为：

$$
\begin{aligned}
u_{总p} &= u_{支p} + u_{锚固p} \\
&= \sum_{u=1}^{m_1}\sum_{o=1}^{n_1}\frac{(1+\mu)}{\pi E}\left\{\begin{aligned}&\int_0^{\arcsin\frac{r}{R_{左uo}}}\int_{\psi_7}^{\psi_8} p_c\frac{1}{\sqrt{a_{左梁}{}^2+z^2}}\left[\frac{a_{左梁}z}{a_{左梁}{}^2+z^2}-\frac{(1-2\mu)a_{左梁}}{\sqrt{a_{左梁}{}^2+z^2}+z}\right]a_{左梁}\mathrm{d}a_{左梁}\mathrm{d}\psi_{左梁}+\\&\int_0^{\arcsin\frac{r}{R_{右uo}}}\int_{\psi_9}^{\psi_{10}} p_c\frac{1}{\sqrt{a_{右梁}{}^2+z^2}}\left[\frac{a_{右梁}z}{a_{右梁}{}^2+z_{右梁}{}^2}-\frac{(1-2\mu)a_{右梁}}{\sqrt{a_{右梁}{}^2+z^2}+z}\right]a_{右梁}\mathrm{d}a_{右梁}\mathrm{d}\psi_{右梁}\end{aligned}\right\}+\\
&\sum_{t_1=1}^{n_2}\frac{(1+\mu)}{\pi E}\int_0^{\arcsin\frac{r_{杆}}{R_{杆1t1}}}\int_{\psi_1}^{\psi_2} p_{杆1t_1}\frac{1}{\sqrt{a_{1杆}{}^2+z^2}}\left[\frac{a_{1杆}z}{a_{1杆}{}^2+z^2}-\frac{(1-2\mu)a_{1杆}}{\sqrt{a_{1杆}{}^2+z^2}+z}\right]a_{1杆}\mathrm{d}a_{1杆}\mathrm{d}\psi_{1杆}+\\
&\sum_{t_2=1}^{n_2}\frac{(1+\mu)}{\pi E}\int_0^{\arcsin\frac{r_{杆}}{R_{杆2t2}}}\int_{\psi_3}^{\psi_4} p_{杆2t_2}\frac{1}{\sqrt{a_{2杆}{}^2+z^2}}\left[\frac{a_{2杆}z}{a_{2杆}{}^2+z^2}-\frac{(1-2\mu)a_{2杆}}{\sqrt{a_{2杆}{}^2+z^2}+z}\right]a_{2杆}\mathrm{d}a_{2杆}\mathrm{d}\psi_{2杆}+\\
&\sum_{v=1}^{4}\sum_{g=1}^{n_2}\int_0^{\arcsin\frac{r_{索}}{R_{索vg}}}\int_{\psi_5}^{\psi_6} p_{索vg}\frac{1}{\sqrt{a_{v索}{}^2+z^2}}\left[\frac{a_{v索}z}{a_{v索}{}^2+z^2}-\frac{(1-2\mu)a_{v索}}{\sqrt{a_{v索}{}^2+z^2}+z}\right]a_{v索}\mathrm{d}a_{v索}\mathrm{d}\psi_{v索}
\end{aligned}
\tag{2-40}
$$

$$
\begin{aligned}
u_{\text{总}z} &= u_{\text{支}z} + u_{\text{锚固}z} \\
&= \sum_{u=1}^{m_1}\sum_{o=1}^{n_1}\frac{(1+\mu)}{\pi E}\left\{\begin{array}{l}
\displaystyle\int_0^{\arcsin\frac{r}{R_{\text{左}uo}}}\int_{\psi_7}^{\psi_8} p_c \frac{1}{\sqrt{a_{\text{左梁}}{}^2+z^2}}\left[2(1-\mu)+\frac{z^2}{a_{\text{左梁}}{}^2+z^2}\right]a_{\text{左梁}}\,\mathrm{d}a_{\text{左梁}}\,\mathrm{d}\psi_{\text{左梁}} + \\
\displaystyle\int_0^{\arcsin\frac{r}{R_{\text{右}uo}}}\int_{\psi_9}^{\psi_{10}} p_c \frac{1}{\sqrt{a_{\text{右梁}}{}^2+z^2}}\left[2(1-\mu)+\frac{z^2}{a_{\text{右梁}}{}^2+z^2}\right]a_{\text{右梁}}\,\mathrm{d}a_{\text{右梁}}\,\mathrm{d}\psi_{\text{右梁}}
\end{array}\right\} + \\
&\quad \sum_{t_1=1}^{n_2}\frac{(1+\mu)}{\pi E}\int_0^{\arcsin\frac{r_{\text{杆}}}{R_{\text{杆}1t1}}}\int_{\psi_1}^{\psi_2} p_{\text{杆}1t1}\frac{1}{\sqrt{a_{1\text{杆}}{}^2+z^2}}\left[2(1-\mu)+\frac{z^2}{a_{1\text{杆}}{}^2+z^2}\right]a_{1\text{杆}}\,\mathrm{d}a_{1\text{杆}}\,\mathrm{d}\psi_{1\text{杆}} + \\
&\quad \sum_{t_2=1}^{n_2}\frac{(1+\mu)}{\pi E}\int_0^{\arcsin\frac{r_{\text{杆}}}{R_{\text{杆}2t2}}}\int_{\psi_3}^{\psi_4} p_{\text{杆}2t2}\frac{1}{\sqrt{a_{2\text{杆}}{}^2+z^2}}\left[2(1-\mu)+\frac{z^2}{a_{2\text{杆}}{}^2+z^2}\right]a_{2\text{杆}}\,\mathrm{d}a_{2\text{杆}}\,\mathrm{d}\psi_{2\text{杆}} + \\
&\quad \sum_{v=1}^{4}\sum_{g=1}^{n_2}\frac{(1+\mu)}{\pi E}\int_0^{\arcsin\frac{r_{\text{索}}}{R_{\text{索}vg}}}\int_{\psi_5}^{\psi_6} p_{\text{索}vg}\frac{1}{\sqrt{a_{v\text{索}}{}^2+z^2}}\left[2(1-\mu)+\frac{z^2}{a_{v\text{索}}{}^2+z^2}\right]a_{v\text{索}}\,\mathrm{d}a_{v\text{索}}\,\mathrm{d}\psi_{v\text{索}}
\end{aligned}
\tag{2-41}
$$

应力关系公式为：

$$
\begin{aligned}
\sigma_{\text{总}\rho} &= \sigma_{\text{支}\rho} + \sigma_{\text{锚固}\rho} \\
&= \sum_{u=1}^{m_1}\sum_{o=1}^{n_1}\frac{1}{\pi}\left\{\begin{array}{l}
\displaystyle\int_0^{\arctan\frac{r}{R_{\text{左}uo}}}\int_{\psi_7}^{\psi_8} p_c \frac{1}{a_{\text{左梁}}{}^2+z^2}\left[\frac{(1-2\mu)\sqrt{a_{\text{左梁}}{}^2+z^2}}{\sqrt{a_{\text{左梁}}{}^2+z^2}+z}-\frac{3a_{\text{左梁}}{}^2 z}{(a_{\text{左梁}}{}^2+z^2)^{\frac{3}{2}}}\right]a_{\text{左梁}}\,\mathrm{d}a_{\text{左梁}}\,\mathrm{d}\psi_{\text{左梁}} + \\
\displaystyle\int_0^{\arctan\frac{r}{R_{\text{右}uo}}}\int_{\psi_9}^{\psi_{10}} p_c \frac{1}{a_{\text{右梁}}{}^2+z^2}\left[\frac{(1-2\mu)\sqrt{a_{\text{右梁}}{}^2+z^2}}{\sqrt{a_{\text{右梁}}{}^2+z^2}+z}-\frac{3a_{\text{右梁}}{}^2 z}{(a_{\text{右梁}}{}^2+z^2)^{\frac{3}{2}}}\right]a_{\text{右梁}}\,\mathrm{d}a_{\text{右梁}}\,\mathrm{d}\psi_{\text{右梁}}
\end{array}\right\} + \\
&\quad \sum_{t_1=1}^{n_2}\frac{1}{\pi}\int_0^{\arctan\frac{r_{\text{杆}}}{R_{\text{杆}1t1}}}\int_{\psi_1}^{\psi_2} p_{\text{杆}1t1}\frac{1}{a_{1\text{杆}}{}^2+z^2}\left[\frac{(1-2\mu)\sqrt{a_{1\text{杆}}{}^2+z^2}}{\sqrt{a_{1\text{杆}}{}^2+z^2}+z}-\frac{3a_{1\text{杆}}{}^2 z}{(a_{1\text{杆}}{}^2+z^2)^{\frac{3}{2}}}\right]a_{1\text{杆}}\,\mathrm{d}a_{1\text{杆}}\,\mathrm{d}\psi_{1\text{杆}} + \\
&\quad \sum_{t_2=1}^{n_2}\frac{1}{\pi}\int_0^{\arctan\frac{r_{\text{杆}}}{R_{\text{杆}2t2}}}\int_{\psi_3}^{\psi_4} p_{\text{杆}2t2}\frac{1}{a_{2\text{杆}}{}^2+z^2}\left[\frac{(1-2\mu)\sqrt{a_{2\text{杆}}{}^2+z^2}}{\sqrt{a_{2\text{杆}}{}^2+z^2}+z}-\frac{3a_{2\text{杆}}{}^2 z}{(a_{2\text{杆}}{}^2+z^2)^{\frac{3}{2}}}\right]a_{2\text{杆}}\,\mathrm{d}a_{2\text{杆}}\,\mathrm{d}\psi_{2\text{杆}} + \\
&\quad \sum_{v=1}^{n_2}\sum_{g=1}^{n_2}\frac{1}{\pi}\int_0^{\arctan\frac{r_{\text{索}}}{R_{\text{索}vg}}}\int_{\psi_5}^{\psi_6} p_{\text{索}vg}\frac{1}{a_{v\text{索}}{}^2+z^2}\left[\frac{(1-2\mu)\sqrt{a_{v\text{索}}{}^2+z^2}}{\sqrt{a_{v\text{索}}{}^2+z^2}+z}-\frac{3a_{v\text{索}}{}^2 z}{(a_{v\text{索}}{}^2+z^2)^{\frac{3}{2}}}\right]a_{v\text{索}}\,\mathrm{d}a_{v\text{索}}\,\mathrm{d}\psi_{v\text{索}}
\end{aligned}
\tag{2-42}
$$

$$
\begin{aligned}
\sigma_{\text{总}\varphi} &= \sigma_{\text{支}\varphi} + \sigma_{\text{锚固}\varphi} \\
&= \sum_{u=1}^{m_1}\sum_{o=1}^{n_1}\frac{(1-2\mu)}{\pi}\left\{\begin{array}{l}
\displaystyle\int_0^{\arcsin\frac{r}{R_{\text{左}uo}}}\int_{\psi_7}^{\psi_8} p_c \frac{1}{a_{\text{左梁}}{}^2+z^2}\left(\frac{z}{\sqrt{a_{\text{左梁}}{}^2+z^2}}-\frac{\sqrt{a_{\text{左梁}}{}^2+z^2}}{\sqrt{a_{\text{左梁}}{}^2+z^2}+z}\right)a_{\text{左梁}}\,\mathrm{d}a_{\text{左梁}}\,\mathrm{d}\psi_{\text{左梁}} + \\
\displaystyle\int_0^{\arcsin\frac{r}{R_{\text{右}uo}}}\int_{\psi_9}^{\psi_{10}} p_c \frac{1}{a_{\text{右梁}}{}^2+z^2}\left(\frac{z}{\sqrt{a_{\text{右梁}}{}^2+z^2}}-\frac{\sqrt{a_{\text{右梁}}{}^2+z^2}}{\sqrt{a_{\text{右梁}}{}^2+z^2}+z}\right)a_{\text{右梁}}\,\mathrm{d}a_{\text{右梁}}\,\mathrm{d}\psi_{\text{右梁}}
\end{array}\right\} + \\
&\quad \sum_{t_1=1}^{n_2}\frac{(1-2\mu)}{\pi}\int_0^{\arcsin\frac{r_{\text{杆}}}{R_{\text{杆}1t1}}}\int_{\psi_1}^{\psi_2} p_{\text{杆}1t1}\frac{1}{a_{1\text{杆}}{}^2+z^2}\left(\frac{z}{\sqrt{a_{1\text{杆}}{}^2+z^2}}-\frac{\sqrt{a_{1\text{杆}}{}^2+z^2}}{\sqrt{a_{1\text{杆}}{}^2+z^2}+z}\right)a_{1\text{杆}}\,\mathrm{d}a_{1\text{杆}}\,\mathrm{d}\psi_{1\text{杆}} + \\
&\quad \sum_{t_2=1}^{n_2}\frac{(1-2\mu)}{\pi}\int_0^{\arcsin\frac{r_{\text{杆}}}{R_{\text{杆}2t2}}}\int_{\psi_3}^{\psi_4} p_{\text{杆}2t2}\frac{1}{a_{2\text{杆}}{}^2+z^2}\left(\frac{z}{\sqrt{a_{2\text{杆}}{}^2+z^2}}-\frac{\sqrt{a_{2\text{杆}}{}^2+z^2}}{\sqrt{a_{2\text{杆}}{}^2+z^2}+z}\right)a_{2\text{杆}}\,\mathrm{d}a_{2\text{杆}}\,\mathrm{d}\psi_{2\text{杆}} + \\
&\quad \sum_{v=1}^{4}\sum_{g=1}^{n_2}\frac{(1-2\mu)}{\pi}\int_0^{\arcsin\frac{r_{\text{索}}}{R_{vg}}}\int_{\psi_5}^{\psi_6} p_{\text{索}vg}\frac{1}{a_{v\text{索}}{}^2+z^2}\left(\frac{z}{\sqrt{a_{v\text{索}}{}^2+z^2}}-\frac{\sqrt{a_{v\text{索}}{}^2+z^2}}{\sqrt{a_{v\text{索}}{}^2+z^2}+z}\right)a_{v\text{索}}\,\mathrm{d}a_{v\text{索}}\,\mathrm{d}\psi_{v\text{索}}
\end{aligned}
\tag{2-43}
$$

$$
\begin{aligned}
\sigma_{总z} &= \sigma_{支z} + \sigma_{锚固z} \\
&= \sum_{u=1}^{m1}\sum_{o=1}^{n1} -\frac{3z^3}{\pi}\left\{\begin{aligned}&\int_0^{\arcsin\frac{r}{R_{左uo}}}\int_{\psi7}^{\psi8} p_c\left(a_{左梁}{}^2+z^2\right)^{-\frac{5}{2}} a_{左梁}\,\mathrm{d}a_{左梁}\,\mathrm{d}\psi_{左梁} + \\ &\int_0^{\arcsin\frac{r}{R_{右uo}}}\int_{\psi9}^{\psi10} p_c\left(a_{右梁}{}^2+z^2\right)^{-\frac{5}{2}} a_{右梁}\,\mathrm{d}a_{右梁}\,\mathrm{d}\psi_{右梁}\end{aligned}\right\} + \\
&\quad \sum_{t1=1}^{n2} -\frac{3z^3}{\pi}\int_0^{\arcsin\frac{r_杆}{R_{杆1t1}}}\int_{\psi1}^{\psi2} p_{杆1t1}\left(a_{1杆}{}^2+z^2\right)^{-\frac{5}{2}} a_{1杆}\,\mathrm{d}a_{1杆}\,\mathrm{d}\psi_{1杆} + \\
&\quad \sum_{t2=1}^{n2} -\frac{3z^3}{\pi}\int_0^{\arcsin\frac{r_杆}{R_{杆2t2}}}\int_{\psi3}^{\psi4} p_{杆2t2}\left(a_{2杆}{}^2+z^2\right)^{-\frac{5}{2}} a_{2杆}\,\mathrm{d}a_{2杆}\,\mathrm{d}\psi_{2杆} + \\
&\quad \sum_{v=1}^{4}\sum_{g=1}^{n2} -\frac{3z^3}{\pi}\int_0^{\arcsin\frac{r_索}{R_{索vg}}}\int_{\psi5}^{\psi6} p_{索vg}\left(a_{v索}{}^2+z^2\right)^{-\frac{5}{2}} a_{v索}\,\mathrm{d}a_{v索}\,\mathrm{d}\psi_{v索}
\end{aligned}
\tag{2-44}
$$

$$
\begin{aligned}
\tau_{总z\rho} &= \tau_{支z\rho} + \tau_{锚固z\rho} \\
&= \sum_{u=1}^{m1}\sum_{o=1}^{n1} -\frac{3z^2}{\pi}\left\{\begin{aligned}&\int_0^{\arcsin\frac{r}{R_{左uo}}}\int_{\psi7}^{\psi8} p_c\frac{a_{左梁}}{\left(a_{左梁}{}^2+z^2\right)^{\frac{5}{2}}} a_{左梁}\,\mathrm{d}a_{左梁}\,\mathrm{d}\psi_{左梁} + \\ &\int_0^{\arcsin\frac{r}{R_{右uo}}}\int_{\psi9}^{\psi10} p_c\frac{a_{右梁}}{\left(a_{右梁}{}^2+z^2\right)^{\frac{5}{2}}} a_{右梁}\,\mathrm{d}a_{右梁}\,\mathrm{d}\psi_{右梁}\end{aligned}\right\} + \\
&\quad \sum_{t1=1}^{n2} -\frac{3z^2}{\pi}\int_0^{\arcsin\frac{r_杆}{R_{杆1t1}}}\int_{\psi1}^{\psi2} p_{杆1t1}\frac{a_{1杆}}{\left(a_{1杆}{}^2+z^2\right)^{\frac{5}{2}}} a_{1杆}\,\mathrm{d}a_{1杆}\,\mathrm{d}\psi_{1杆} + \\
&\quad \sum_{t2=1}^{n2} -\frac{3z^2}{\pi}\int_0^{\arcsin\frac{r_杆}{R_{杆2t2}}}\int_{\psi3}^{\psi4} p_{杆2t2}\frac{a_{2杆}}{\left(a_{2杆}{}^2+z^2\right)^{\frac{5}{2}}} a_{2杆}\,\mathrm{d}a_{2杆}\,\mathrm{d}\psi_{2杆} + \\
&\quad \sum_{v=1}^{4}\sum_{g=1}^{n2} -\frac{3z^2}{\pi}\int_0^{\arcsin\frac{r_索}{R_{索vg}}}\int_{\psi5}^{\psi6} p_{索vg}\frac{a_{v索}}{\left(a_{v索}{}^2+z^2\right)^{\frac{5}{2}}} a_{v索}\,\mathrm{d}a_{v索}\,\mathrm{d}\psi_{v索}
\end{aligned}
\tag{2-45}
$$

2.2　超前液压支架组-锚固联合支护顶板力学分析

以某煤矿 15106 工作面回风巷道为研究对象，根据回风巷道端面尺寸可以确定接触力学模型中巷道参数如表 2-1 所示。

表 2-1　巷道参数

巷道参数	L_1	L_2	L	Q	C	D	E	μ	s
参数值	6.5 m	5 m	0.8 m	0.24 m	0.25 m	0.44 m	30 GPa	0.3	0.25m

回风巷道使用 ZQL2×4000/23/50 型超前液压支架组进行巷道顶板的支护。根据 ZQL2×4000/23/50 型超前液压支架组的参数可以确定接触力学模型中的超前液压支架组参数如表 2-2 所示。

表 2-2　超前液压支架组参数

超前液压支架参数	c	b	m_1	n_1	r	N	p_c
参数值	5.7 m	0.78 m	8	57	0.1 m	1.84 m	18 kN

实测数据表明，巷道顶板架设锚杆和锚索初始时刻，每处的锚杆和锚索的预紧力相同。随着工作面回采工作进行，受工作面采动影响，每处的锚杆和锚索对巷道顶板的作用力发生了变化，发生不同位置处的锚杆和锚索作用力不相同现象。

为了真实获得单组支架支护范围内锚杆锚索的支护作用力，使用山东达普机械制造有限公司生产的 MCZ-300 型锚杆、锚索测力计对单组支架支护范围内的锚杆和锚索受力进行监测。监测设备使用现场如图 2-10所示。

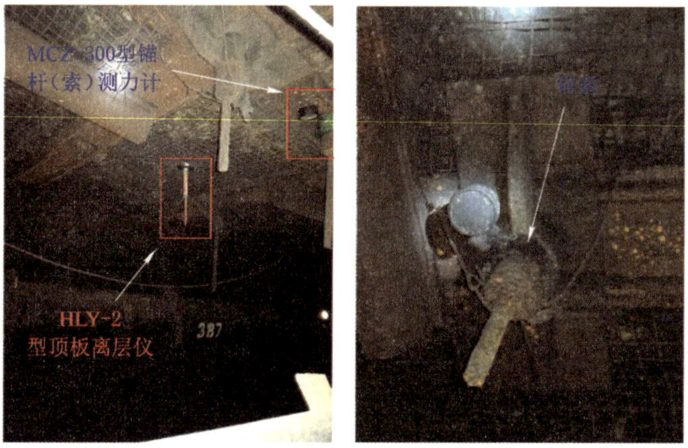

图 2-10　监测设备使用现场

15106 工作面于 2018 年 11 月 24 日开始回采。2018 年 12 月 10 号，工作面初次来压时工作面共推进 53 m。2018 年 12 月 11 日，对靠近工作面端头支护第一组超前液压支架组支护范围内的巷道顶板锚杆和锚索进行受力监测。沿巷道走向方向共监测 6 排锚杆、锚索(共计 12 根锚杆、24 根锚索)的受力情况。由于回采过程中回风巷道瓦斯影响不能够进行监测，因此在回采开始时刻和回采结束时刻监测每处位置锚杆、锚索受力，取其平均值并将获得顶板锚杆和锚索受力情况使用高斯三次和三次正弦和函数进行拟合即可获得不同位置处锚杆和锚索作用力如式(2-46)所示。

根据煤矿井下锚杆和锚索实际使用参数及布置间排距确定模型中锚杆、锚索参数，如表 2-3 所示。

表 2-3　锚固装备参数

锚杆、锚索参数	n_2	$r_{杆}$	$r_{索}$	M	J
参数值	8	0.06 m	0.08	0.7 m	0.7 m

$$
\begin{cases}
P_{杆1t1} = 1.79e^9 \times \exp(-((t_1+241.9)/58.54)^2) + 3.67 \times \exp(-((t_1+0.17)/0.78)^2) + \\
\quad 14.26 \times \exp(-((t_1-1.626)/1.28)^2) \\
P_{索1g} = -1\,146 \times \exp(-((g+9.22)/15.12)^2) + 1\,293 \times \exp(-((g+10.24)/16.88)^2) + \\
\quad 60.45 \times \exp(-((g-20.84)/8.88)^2) \\
P_{索2g} = 423.6 \times \sin(0.17g+0.55) + 321.8 \times \sin(0.2g+3.49) + 0.42 \times \sin(1.01g+1.84) \\
P_{索3g} = 175.4 \times \exp(-((g+10.49)/21.14)^2) - 1.35 \times \exp(-((g-0.07)/0.3)^2) + \\
\quad 0.6 \times \exp(-((g-1.22)/0.03)^2) \\
P_{索4g} = 2.07e^4 \times \sin(0.84g+1.68) + 2.05e^4 \times \sin(0.84g-1.46) + 4.17 \times \sin(2.87g-1.76) \\
P_{杆2t2} = 457.1 \times \sin(0.15t_2+0.5) + 278 \times \sin(0.22t_2+3.1) + 18.11 \times \sin(0.39t_2+4.8)
\end{cases}
\tag{2-46}
$$

式中，$t_1=1,2,3\cdots,n_2$；$t_2=1,2,3,\cdots n_2$；$g=1,2,3,\cdots,n_2$。

所建立的超前液压支架锚固联合支护巷道顶板接触力学模型通过解析方法求解巷道顶板与支护构件接触区域外的位移及应力状态，但是很难得到积分函数的原函数解析表达式。因此采用二重复化高斯-勒让德积分数值求解方法对上述模型进行求解。

假设一般积分区域上的二重积分如式(2-47)所示。

$$W = \iint_O f(x,y)\,\mathrm{d}x\,\mathrm{d}y \tag{2-47}$$

式中　$f(x,y)$——积分域内的连续函数；

O——积分区域。

由于二重积分可以视为由内层积分和外层积分组成，则公式(2-47)可以分化为两层积分表达，即：

$$
\begin{aligned}
W &= \int_{a_1}^{b_1}\left[\int_{g(x)}^{l(x)} f(x,y)\,\mathrm{d}y\right]\mathrm{d}x \\
&= \int_{a_1}^{b_1} w(x)\,\mathrm{d}x
\end{aligned}
\tag{2-48}
$$

式中　$[a_1,b_1]$——外层积分上下限；

$[g(x),l(x)]$——内层积分上下限。

$$\int_{g(x)}^{l(x)} f(x,y)\,\mathrm{d}y = w(x)$$

因为数值积分求解精度的高低主要取决于积分方法与被积函数在积分域上的变化情况，而高斯-勒让德积分求解公式在[−1,1]积分域上的积分准确度十分精确，故在使用高斯-勒让德积分求解时首先运用复化技术将积分区域进行等分，使每个子区间的跨度不超过 2，即把积分域复化到[−1,1]内，进而提高高斯-勒让德积分准确度。

假设积分域为 $[a_1,b_1]$，将积分区域划分为 c_1+1 等分，则积分区域内各分点的对应关系可表示为：

$$x_d = a_1 + d\Delta x,\ d=0,1,2,\cdots,c_1+1 \tag{2-49}$$

式中　Δx——积分区域内单位区间长度，

$$\Delta x = (b_1-a_1)/(c_1+1) = (b_1-a_1)/(c_i+c_0+1)$$

c_i——积分区间上下限跨度的取整即 $c_i=[b_1-a_1]$；

c_0——系数，$c_0=0,1,2,3,\cdots$。

公式(2-48)可表示为：

$$W=\sum_{d=0}^{c1}\int_{a_1+d\Delta x}^{a_1+(j+1)\Delta x}w(x)\,\mathrm{d}x \tag{2-50}$$

取划分 c_1+1 个子积分区域中任意一个区间 $[x_d,x_{d+1}]$，根据公式(2-50)可以得到单个子区间积分表达式为：

$$GW_d=\int_{xd}^{xd+1}w(x)\,\mathrm{d}x \tag{2-51}$$

则对子区间进行积分变换为：

$$x=x_d+\frac{\Delta x(1+t)}{2} \tag{2-52}$$

故积分区域变化后，子区域积分表达式为：

$$GW_d=\frac{(b_1-a_1)}{2(c_1+1)}\int_{-1}^{1}g_1\left[x_d+\frac{(b_1-a_1)(1+t)}{2(c_1+1)}\right]\mathrm{d}t \tag{2-53}$$

则取具有 $2p_1-1$ 阶代数精度的高斯-勒让德积分公式，上述所取单元区域的数值积分解为：

$$GW_d=\frac{(b_1-a_1)}{2(c_1+1)}\sum_{i=1}^{p1}S_i^{(p_1)}w\left[x_d+\frac{(b_1-a_1)}{2(c_1+1)}(1+x_i^{(p_1)})\right] \tag{2-54}$$

式中　$S_i^{(p_1)}$——对应的高斯-勒让德积分系数；

$x_i^{(p_1)}$——划分积分节点，$i=1,2,3,\cdots,p_1$。

按照上述方法将积分区域内划分每个子区间进行求解，则整个积分区域的积分结果为：

$$W=\sum_{d=0}^{c+1}GW_d=\frac{(b_1-a_1)}{2(c_1+1)}\sum_{i=1}^{p1}S_i^{(p_1)}\sum_{d=0}^{c1+1}w(x_{di}) \tag{2-55}$$

公式(2-55)为二重积分外层积分求解，按照相同的方法对内层积分 $w(x)$ 进行求解，即设 $[g(x),l(x)]$ 为 $[a_1,b_1]$，可得内层积分数值表达式为

$$w_{di}=\int_{g(xdi)}^{l(xdi)}f(x_{di},y)\,\mathrm{d}y=\frac{\Delta y_d}{2}\sum_{j=1}^{p1}T_j^{(p)}\sum_{s=0}^{nd}f[x_{di},y_{s1j}] \tag{2-56}$$

其中

$$n_d=n_{di}+n_{do},n_{di}=[l(x_{di})-g(x_{di})],n_{do}=0,1,2,3,\cdots$$

$$\Delta y_d=[l(x_{di})-g(x_{di})]/(n_d+1)$$

$$y_{s1j}=y_{s1}+[(1+x_j^{(p1)})\Delta y_d]/2$$

将公式(2-55)和式(2-56)联立得到二重复化高斯-勒让德积分求解公式，即：

$$W=\frac{(b_1-a_1)}{2(c_1+1)}\sum_{i=1}^{p1}T_i^{(p_1)}\sum_{j=1}^{p1}T_j^{(p_1)}\sum_{d=0}^{c1+1}\frac{\Delta y_d}{2}\sum_{s1=0}^{nd}f[x_{di},y_{s1j}] \tag{2-57}$$

将表 2-1、表 2-2、表 2-3 中的参数带入公式(2-40)至公式(2-45)中并采用二重复化高斯-勒让德积分求解方法对其进行求解，其计算结果如图 2-11 至图 2-12 所示。

图 2-11 所示为锚支作用下超前液压支架组联合支护巷道顶板过程中顶板 z 方向变形量情况。其中以锚固支护状态下为顶板位移的起始时刻(即位移量为 0 mm)。由图 2-11 可以知道，支架组支护范围内顶板变形量整体随着支架组工作阻力的增加而增大，巷道顶板

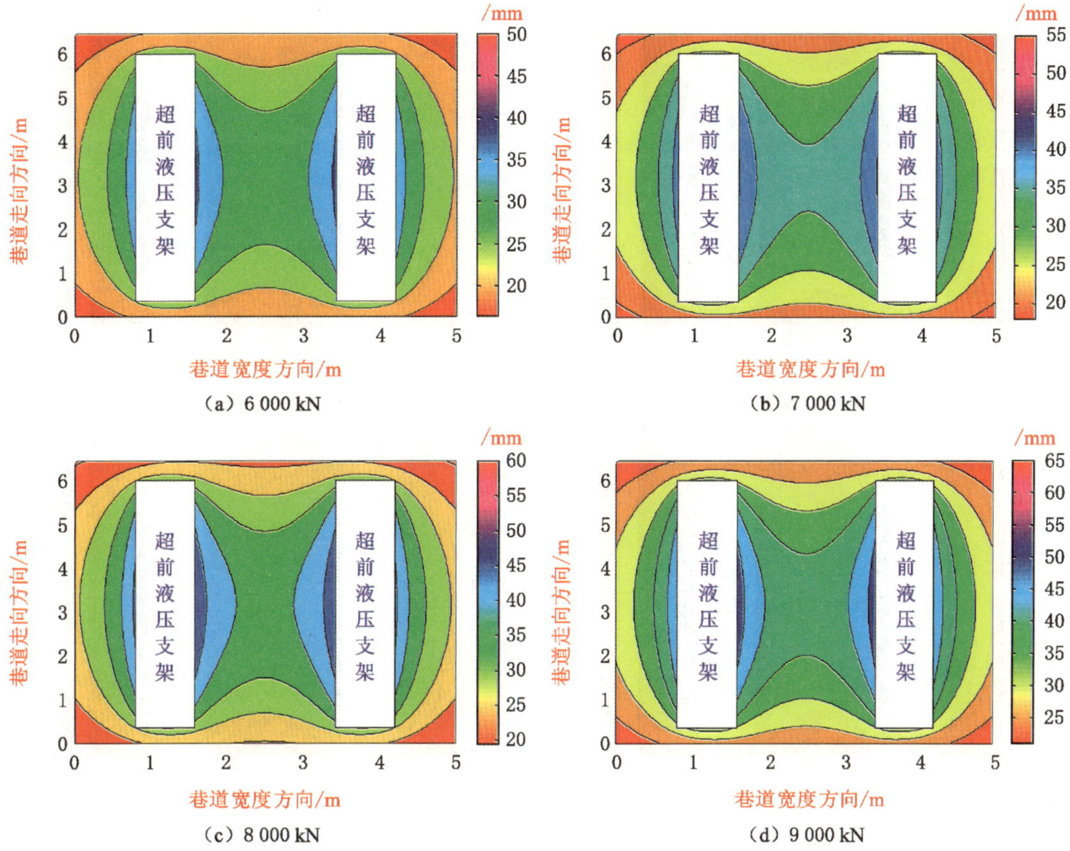

图 2-11　不同工作阻力支护下顶板变形量分布

变形量呈“马鞍面”梯度分布。并且随着工作阻力越大，顶板变形量梯度变化越剧烈。由于未考虑采动对联合支护巷道顶板变形量的影响，顶板变形量沿巷道中轴线呈对称分布，即越靠近超前液压支架，顶梁处变形量越大。在 4 种工作阻力支护下，每组顶梁中间位置两侧 0～0.25 m 范围内产生最大变形量。

因为顶板变形量呈对称分布，所以以巷道顶板中轴线为边界，取一侧联合支护范围进行分析。据此可以看出，工作阻力为 6 000 kN 时，从巷道边界到巷道中轴线共分布 6 个梯度的变形量变化，由外向内依次为 16 mm、19 mm、25 mm、31 mm、36 mm、39 mm；工作阻力为 7 000 kN 时，从巷道边界到巷道中轴线共分布 7 个梯度的变形量变化，由外向内依次为 18 mm、22 mm、26 mm、33 mm、37 mm、32 mm；工作阻力为 8 000 kN 时，从巷道边界到巷道中轴线共分布 6 个梯度的变形量变化，由外向内依次为 21 mm、26 mm、31 mm、37 mm、42 mm、47 mm；工作阻力为 9 000 kN 时，从巷道边界到巷道中轴线共分布 7 个梯度的变形量变化，由外向内依次为 23 mm、27 mm、30 mm、36 mm、41 mm、44 mm、48 mm。

图 2-12 所示为超前液压支架组在不同工作阻力作用下联合锚固装备支护巷道顶板过程中顶板应力分布情况。由图 2-12 可以看出，工作阻力为 6 000 kN 时，从巷道边界到巷道中轴线共分布 7 个梯度的应力变化，由外到内依次为－1.55 MPa、－1.65 MPa、－1.85 MPa、

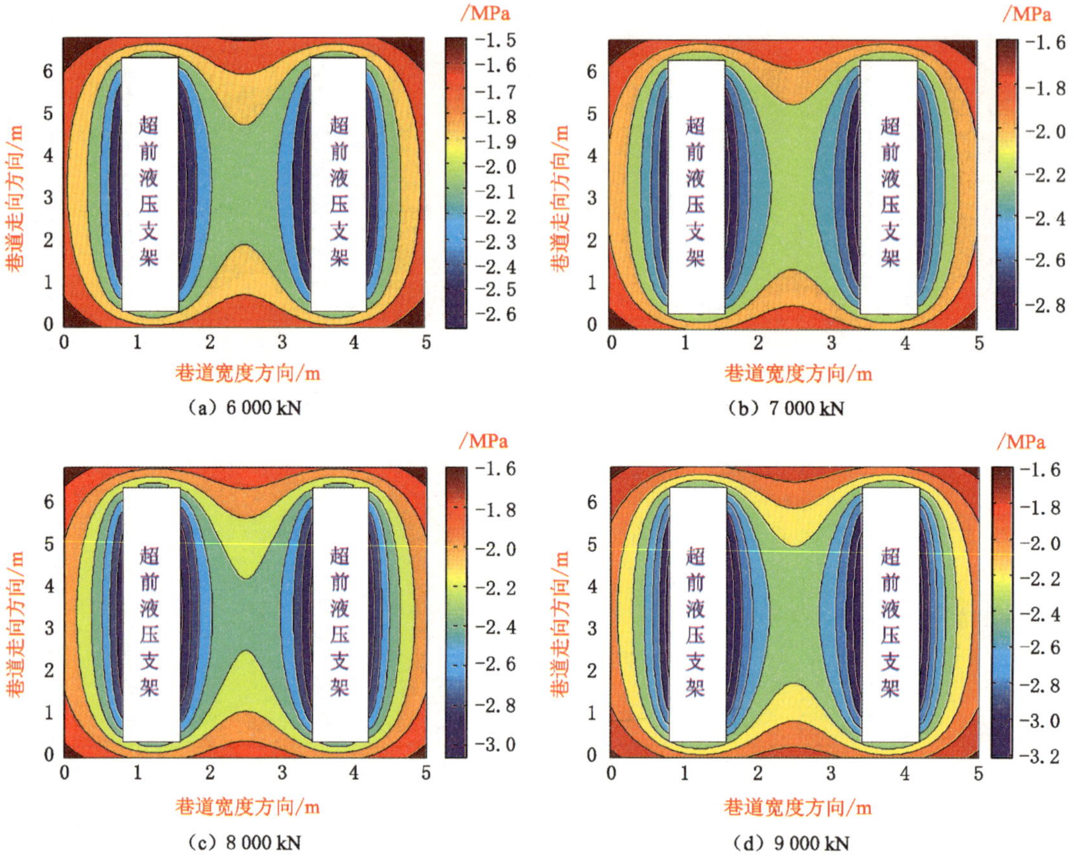

图 2-12　不同工作阻力支护下顶板应力分布

−2.15 MPa、−2.25 MPa、−2.45 MPa、−2.65 MPa；工作阻力为 7 000 kN 时，从巷道边界到巷道中轴线共分布 8 个梯度的应力变化，由外到内依次为 −1.65 MPa、−1.85 MPa、−2.05 MPa、−2.3 MPa、−2.5 MPa、−2.55 MPa、−2.7 MPa、−2.85 MPa；工作阻力为 8 000 kN 时，从巷道边界到巷道中轴线共分布 8 个梯度的应力变化，由外到内依次为 −1.7 MPa、−1.9 MPa、−2.1 MPa、−2.25 MPa、−2.45 MPa、−2.65 MPa、−2.75 MPa、−2.95 MPa；工作阻力为9 000 kN 时，从巷道边界到巷道中轴线共分布 9 个梯度的应力变化，由外到内依次为 −1.75 MPa、−1.85 MPa、−2.05 MPa、−2.3 MPa、−2.45 MPa、−2.65 MPa、−2.75 MPa、−2.95 MPa、−3.15 MPa。

通过对比超前液压支架组不同工作阻力与锚固装备联合支护巷道围岩顶板变形量和应力变化情况可以看出，支护过程中顶板变形量和应力沿中轴线均呈对称分布，且整个巷道顶板变形量和应力呈“马鞍面”梯度分布。随着超前液压支架组工作阻力的增加，顶板变形量增大。需要说明的是，上述变形量为巷道顶板表面压缩量；对于整个巷道顶板下沉量而言，顶板的下沉量不可避免，超前液压支架组主要起到被动支撑的作用；超前液压支架组，对顶板变形量的加大，能够促使整个巷道顶板下沉量的减小。

随着超前液压支架组的工作阻力的增加，应力梯度值也随之增加。其中当工作阻力为

9 000 kN 时,最大梯度值为 0.25 MPa,远小于围岩的破碎强度。此外,随着工作阻力的增加,两侧顶梁的支护应力区域叠加效应越明显,特别是巷道中间区域的应力值及作用面积也随之增加。

以上结果表明工作阻力的增加对巷道中间位置区域的支护效果影响较大,对顶梁周围区域的支护效果影响相对较小。通过提升支架的工作阻力,能够明显提高巷道的支护效果。上述研究方法和结果可为综采工作面回采巷道超前液压支架组联合支护巷道围岩体机理和超前液压支架组的自适应控制提供一定的理论依据。

第3章 超前液压支架-锚护系统-围岩耦合力学特性研究

3.1 超前液压支架群组-锚固装备联合支护巷道顶板力学模型构建

2014年，王国法首先提出工作面液压支架群组支护概念，并且根据机器人和无人机群的控制理论提出工作面支护系统液压支架群组的自组织协同控制方法。综采工作面回采巷道支护系统是由数量众多的锚杆、锚索、锚网、钢带联合超前液压支架组组成的。多组超前液压支架组组成的超前液压支架群组与锚固装备联合巷道两帮共同组成超前支护系统，支护回采巷道超前段上覆岩层，其沿回采巷道走向方向支护方式如图3-1所示。

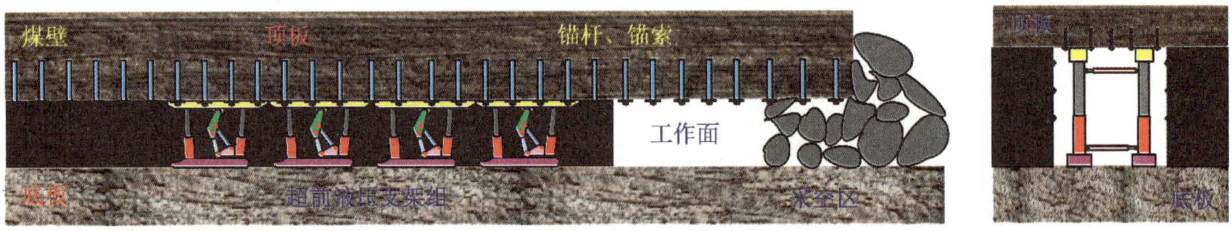

图3-1 沿巷道走向方向超前液压支架群组与锚固装备联合支护示意图

超前液压支架具有增阻升压、恒阻承载、溢流泄压等特性。在增阻升压时立柱承载特性与弹簧承载特性具有共同的特征，可将立柱视为具有一定刚度的弹性体。将超前支架群组中每个立柱等效为弹性基座。由于单组支架中立柱的支护强度相同，因此将每个支架单元等效为刚度为K_{ij}的弹性支撑体。由于巷道上覆顶板厚度较大，故可将顶板视为中厚板。因此超前支架群组与锚杆、锚索、钢丝网在回采巷道走向方向对顶板的支护，相当于将中厚板置于数个弹性支撑体上。由于超前压力沿巷道走向方向呈近似指数函数分布，所以可以得到如图3-2所示的超前液压支架群组等效弹性支撑件-锚固装备联合支护模型。

顶板的研究模型主要有两类：一类是岩梁模型，另一类板模型。由于回采巷道顶板呈近似方形形状，且顶板厚度较大，故采用中厚板理论对回采巷道直接顶特征进行描述，如图3-3所示。巷道直接顶两侧为巷道侧帮。由固支边界条件的定义可知，巷道顶板两侧岩体的刚度无穷大即可满足固支边界条件。同时，由于巷道前端未进行开采，所以可视顶板前

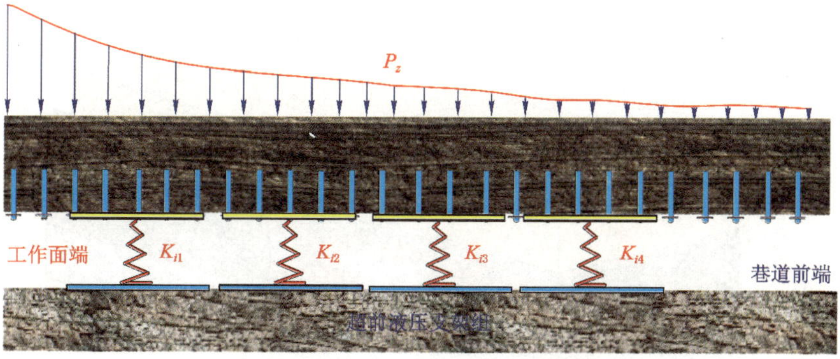

P_z——作用在顶板上端的压力；K_{ij}——液压支架等效刚度。

图 3-2　超前液压支架群组等效弹性支撑件-锚固装备联合支护模型

端为刚性固定，顶板后端由于工作面推进出现采空区顶板破碎。因此回风巷道顶板可视为三边固支、一边自由的约束。由于井下采动影响没有明确的形式，在此不考虑采动对顶板研究模型的影响。

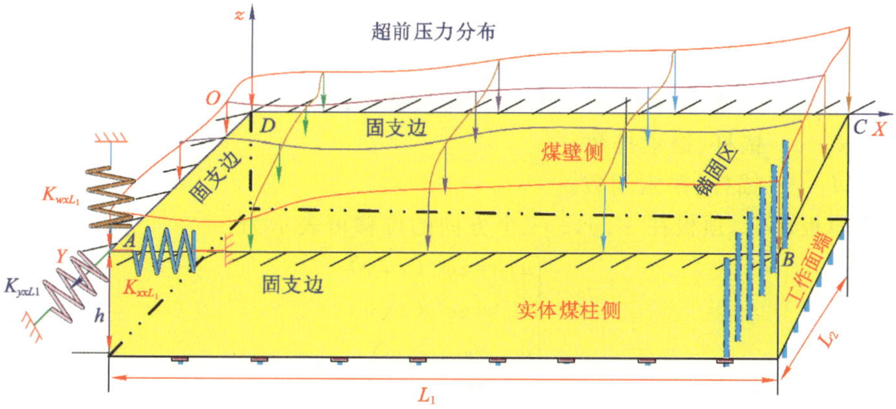

图 3-3　回采巷道顶板中厚板简化模型

在图 3-3 中，h 表示弹性厚度，L_1 表示巷道长度，L_2 表示巷道宽度。

假设巷道顶板满足如下条件：① 顶板变形前垂直于中面的直线，变形后其仍然为直线；② 与中面平行的各面上的正应力与其它应力相比是小量；③ 顶板中面内各点没有平行于中面的位移；④ 巷道宽度方向为巷道径向方向；⑤ 工作面端为超前液压支架组支护尾端，巷道前端为超前液压支架组支护前端。超前液压支架群组-锚固联合支护弹性板力学模型如图 3-4 所示。

巷道顶板使用锚杆、锚索、钢丝网等进行锚固支护，所以引入锚杆、锚索的势能作为锚固结构约束条件，如式(3-1)所示。锚固装备的存在可以限制顶板相应支护点的位移。理论上，锚杆、锚索刚度无限大时，其势能也将无穷大，取锚杆、锚索的刚度为一较大值时，即可限制顶板的位移。取顶板在锚固支护平稳状态且认为顶板此时为完整平面作为超前液压

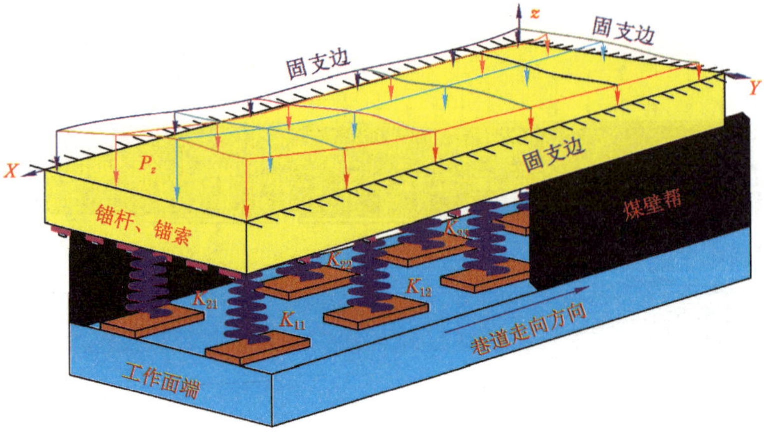

图 3-4　超前液压支架群组-锚固装备联合支护弹性板力学模型

支架群组-锚固联合支护的初始时刻。

$$U_a = \frac{1}{2}\sum_{j=1}^{N_1}\sum_{m=1}^{M_1} I_{mj} w_{杆z}{}^2 + \frac{1}{2}\sum_{v=1}^{N_2}\sum_{t=1}^{M_2} T_{vt} w_{索z}{}^2 \tag{3-1}$$

式中　U_a——顶板锚固设备支护势能；

I,T——锚杆、锚索刚度；

$w_{杆z}, w_{索z}$——锚杆、锚索平衡时 z 方向位移量；

N_1, N_2——锚杆、锚索排数；

M_1, M_2——锚杆、锚索间数。

根据中厚板理论，顶板在 x,y,z 三个方向的位移可表示为：

$$\begin{cases} u_x = z\varphi_x(x,y) \\ u_y = z\varphi_y(x,y) \\ u_z = w(x,y) \end{cases} \tag{3-2}$$

式中　φ_x, φ_y——顶板关于 y 轴和 x 轴的转角；

$w(x,y)$——z 方向的位移量。

根据位移与应变对应关系，顶板应变表达式为：

$$\begin{cases} \varepsilon_x = z\dfrac{\partial \varphi_x}{\partial x}, \varepsilon_y = z\dfrac{\partial \varphi_y}{\partial y}, \varepsilon_z = 0 \\ \gamma_{xy} = z\left(\dfrac{\partial \varphi_x}{\partial y} + \dfrac{\partial \varphi_y}{\partial x}\right), \gamma_{xz} = \varphi_x + \dfrac{\partial w}{\partial x}, \gamma_{yz} = \varphi_y + \dfrac{\partial w}{\partial y} \end{cases} \tag{3-3}$$

顶板各方向的应力可进一步表示为：

$$\begin{Bmatrix} \sigma_x \\ \sigma_y \\ \tau_{yz} \\ \tau_{xz} \\ \tau_{xy} \end{Bmatrix} = \begin{bmatrix} O_{11} & O_{12} & 0 & 0 & 0 \\ O_{12} & O_{11} & 0 & 0 & 0 \\ 0 & 0 & lO_{66} & 0 & 0 \\ 0 & 0 & 0 & lO_{66} & 0 \\ 0 & 0 & 0 & 0 & O_{66} \end{bmatrix} \begin{Bmatrix} \varepsilon_x \\ \varepsilon_y \\ \gamma_{yz} \\ \gamma_{xz} \\ \gamma_{xy} \end{Bmatrix} \tag{3-4}$$

式中　l——剪切修正因子，定义为 5/6。

$O_{ij}(i,j=1,2,6)$为顶板的弹性参数，可进一步表示为：

$$\begin{cases} O_{11}=\dfrac{E}{1-\mu^2} \\ O_{12}=\dfrac{\mu E}{1-\mu^2} \\ O_{66}=G \end{cases} \tag{3-5}$$

式中　E,G,μ——顶板的弹性模型、剪切模量和泊松比。

剪切模量和弹性模量有如下关系：

$$G=E/[2(1+\mu)]$$

储存在超前液压支架群组中的能量为：

$$U_e=\frac{1}{2}\int_S K_{1i}w^2\mathrm{d}S+\frac{1}{2}\int_S K_{2i}w^2\mathrm{d}S(i=1,2,3,4) \tag{3-6}$$

式中　S——超前液压支架群组的支护面积。

系统应变能表达式为：

$$U=\frac{1}{2}\int_0^{L1}\int_0^{L2}\int_{-h/2}^{h/2}[\sigma_x\varepsilon_x+\sigma_y\varepsilon_y+\tau_{xy}\gamma_{xy}+\tau_{xz}\gamma_{xz}+\tau_{yz}\gamma_{yz}]\mathrm{d}x\mathrm{d}y\mathrm{d}z+U_e+U_a \tag{3-7}$$

式中　L_1——巷道长度；

L_2——巷道宽度；

h——弹性板厚度。

传统的待求位移场需满足系统的几何方程和边界条件。一般而言，找到同时满足几何方程和边界条件的试函数往往不太容易。因此，可以在构造试函数时不要求它满足系统的边界条件，而通过一定的方法将这些边界条件引入系统的能量泛函数中，将原有的附加约束条件的驻值问题转为修正的无附加约束条件的驻值泛函数问题。主要通过罚函数法将系统的边界条件引入能量泛函数中。

罚函数引入的能量项，如式(3-8)所示。

$$\begin{aligned} U_s=&\frac{1}{2}\int_0^{L2}\{[K_{wx0}w^2+K_{xx0}\varphi_x^2+K_{yx0}\varphi_y^2]_{x=0}+[K_{wxL1}w^2+K_{xxL1}\varphi_x^2+K_{yxL1}\varphi_y^2]_{x=L1}\}\mathrm{d}y+\\ &\frac{1}{2}\int_0^{L1}\{[K_{wy0}w^2+K_{xy0}\varphi_x^2+K_{yy0}\varphi_y^2]_{y=0}+[K_{wyL2}w^2+K_{xyL2}\varphi_x^2+K_{yyL2}\varphi_y^2]_{y=L2}\}\mathrm{d}x \end{aligned} \tag{3-8}$$

其中，K_{wx0}等表示约束边界处约束 z 方向的平动自由度和转动自由度。当 K_{wx0}取无穷大时相当于边界施加完全约束，其取值根据公式(3-9)获取。

$$K_{线}=K_{面}\times d \tag{3-9}$$

式中　$K_{面}$——根据岩石和煤层计算获得的等效面刚度；

d——线宽度。

顶板上覆压力对系统做功可表示为：

$$W_e=\int_0^{L1}\int_0^{L2}P_z(x)w\mathrm{d}x\mathrm{d}y \tag{3-10}$$

式中　P_z——作用在顶板上端的压力。

超前支架前方距离综采工作面较远,受到采动影响很小,位于原岩应力区。超前支架后方岩层受超前压力影响,其支承压力峰值为原岩应力的 4 倍。

根据里兹法,将顶板的位移用一组完备的基函数来表示。这里选用切比雪夫第一类多项式作为基函数。顶板位移可表示为:

$$\begin{cases}\varphi_x(x,y)=\sum_{m=0}^{M}\sum_{n=0}^{N}A_{mn}\Phi_m(x)\Psi_n(y)\\ \varphi_y(x,y)=\sum_{m=0}^{M}\sum_{n=0}^{N}B_{mn}\Phi_m(x)\Psi_n(y)\\ w(x,y)=\sum_{m=0}^{M}\sum_{n=0}^{N}C_{mn}\Phi_m(x)\Psi_n(y)\end{cases} \tag{3-11}$$

切比雪夫第一类多项式为:

$$\begin{cases}\Phi_0(\xi)=1\\ \Phi_1(\xi)=\xi\\ \Phi_{m+1}(\xi)=2\xi\Phi_m(\xi)-\Phi_{m-1}(\xi),m\geqslant 2\end{cases} \tag{3-12}$$

根据哈密顿原理,有:

$$\delta(W-U-U_s)=0 \tag{3-13}$$

将式(3-5)~式(3-11)代入式(3-14)中,变分可得:

$$\begin{vmatrix}K_{\varphi_x\varphi_x} & K_{\varphi_x\varphi_y} & K_{\varphi_x w}\\ K_{\varphi_y\varphi_x} & K_{\varphi_y\varphi_y} & K_{\varphi_y w}\\ K_{w\varphi_x} & K_{w\varphi_y} & K_{ww}\end{vmatrix}\begin{Bmatrix}q_1\\ q_2\\ q_3\end{Bmatrix}=\begin{Bmatrix}0\\ 0\\ H^{\mathrm{T}}P_z\end{Bmatrix} \tag{3-14}$$

式中,

$$K_{\varphi_x\varphi_x}=\iint_V\left[\frac{Ez^2}{1-\mu^2}(\frac{\partial H}{\partial x})^{\mathrm{T}}(\frac{\partial H}{\partial x})+lG\,H^{\mathrm{T}}H+Gz^2(\frac{\partial H}{\partial y})^{\mathrm{T}}(\frac{\partial H}{\partial y})\right]\mathrm{d}V+$$
$$\int_0^{L2}(K_{xx0}\;H^{\mathrm{T}}H\,|_{x=0}+K_{xxL1}\;H^{\mathrm{T}}H\,|_{x=L1})\mathrm{d}y+$$
$$\int_0^{L1}(K_{xy0}\;H^{\mathrm{T}}H\,|_{y=0}+K_{xyL2}\;H^{\mathrm{T}}H\,|_{y=L2})\mathrm{d}x$$

$$K_{\varphi_x\varphi_y}=\iint_V[\frac{\mu Ez^2}{1-\mu^2}(\frac{\partial H}{\partial x})^{\mathrm{T}}(\frac{\partial H}{\partial y})+Gz^2(\frac{\partial H}{\partial y})^{\mathrm{T}}(\frac{\partial H}{\partial x})]\mathrm{d}V$$

$$K_{\varphi_y\varphi_y}=\iint_V\left[\frac{Ez^2}{1-\mu^2}\left(\frac{\partial H}{\partial x}\right)^{\mathrm{T}}(\frac{\partial H}{\partial y})+lG\,H^{\mathrm{T}}H+Gz^2(\,)^{\mathrm{T}}(\frac{\partial H}{\partial x})\right]\mathrm{d}V+$$
$$\int_0^{L2}(K_{yx0}\;H^{\mathrm{T}}H\,|_{x=0}+K_{yxL1}\;H^{\mathrm{T}}H\,|_{x=L1})\mathrm{d}y+$$
$$\int_0^{L1}(K_{yy0}\;H^{\mathrm{T}}H\,|_{y=0}+K_{yyL2}\;H^{\mathrm{T}}H\,|_{y=L2})\mathrm{d}x$$

$$K_{ww}=\iint_V\left[lG\,(\frac{\partial H}{\partial x})^{\mathrm{T}}(\frac{\partial H}{\partial x})+lG\,(\frac{\partial H}{\partial y})^{\mathrm{T}}(\frac{\partial H}{\partial y})\right]\mathrm{d}V+$$
$$\int_0^{L2}(K_{wx0}\;H^{\mathrm{T}}H\,|_{x=0}+K_{wxL1}\;H^{\mathrm{T}}H\,|_{x=L1})\mathrm{d}y+$$

$$\int_0^{L_1}(K_{wy0}H^TH|_{y=0}+K_{wyL_2}H^TH|_{y=L_2})\mathrm{d}x$$

$$K_{\varphi_{xw}}=\int_V[lGH^T\left(\frac{\partial H}{\partial x}\right)]\mathrm{d}V$$

$$K_{\varphi_{yw}}=\int_V[lGH^T\left(\frac{\partial H}{\partial y}\right)]\mathrm{d}V$$

通过对式(3-14)求解，便可得到顶板在外载荷作用下的位移。根据求解出的顶板位移，可进一步得到顶板的应力和弯矩，如式(3-15)所示。

$$\begin{aligned}
&E_x=U[\frac{\partial\varphi_x}{\partial x}+\mu\frac{\partial\varphi_y}{\partial y}],S_x=12\frac{E_xz}{h^3}\\
&E_y=U[\frac{\partial\varphi_y}{\partial y}+\mu\frac{\partial\varphi_x}{\partial x}],S_y=12\frac{E_yz}{h^3}\\
&E_{xy}=\frac{U(1-\mu)}{2}[\frac{\partial\varphi_x}{\partial y}+\frac{\partial\varphi_y}{\partial x}],S_{xy}=12\frac{E_{xy}z}{h^3}
\end{aligned}\tag{3-15}$$

其中中，$U=Eh^3/[12(1-\mu^2)]$。

巷道顶板主应力和主弯矩为：

$$\begin{aligned}
&E_1=\frac{E_x+E_y}{2}+\sqrt{(\frac{E_x-E_y}{2})^2+E_{xy}^2}\\
&E_3=\frac{E_x+E_y}{2}-\sqrt{(\frac{E_x-E_y}{2})^2+E_{xy}^2}\\
&S_1=\frac{S_x+S_y}{2}+\sqrt{(\frac{S_x-S_y}{2})^2+S_{xy}^2}\\
&S_3=\frac{S_x+S_y}{2}-\sqrt{(\frac{S_x-S_y}{2})^2+S_{xy}^2}
\end{aligned}\tag{3-16}$$

通过对上述超前液压支架群组-锚固装置联合支护巷道弹性板模型的求解，可以获得在超前液压支架群组-锚固设备联合支护下巷道顶板的变形量以及顶板应力、弯矩。通过对该模型中等效弹性支撑体刚度的不同取值，可以求解巷道在锚固支护下，超前液压支架群组锚固等强、非等强联合支护下巷道顶板的变形量以及顶板的应力和弯矩，进而可以确定综采工作面回采巷道的最佳联合支护方式，为综采工作面回采巷道支护工程提供依据。

3.2　不同联合支护方案下顶板力学特性研究

3.2.1　联合支护弹性板模型参数确定

应用建立的超前液压支架群组-锚固设备联合支护弹性板力学模型，对山西某煤矿15106 工作面巷道顶板力学特性进行研究。由《煤矿安全规程》可知，超前支护距离不少于20 m，因此从工作面端沿巷道走向方向取 40 m 顶板范围为研究对象，巷道宽度为 5 m，巷道高度为 4 m。回采巷道超前液压支架顶梁规格为：5.7 m(长度)、0.78 m(宽度)。两组超前液压支架的中心距为 2.51 m。回采巷道超前液压支架组所支护顶板上覆载荷主要来自巷道松动岩石的自重,可按照 4 倍采高的岩石重力进行计算。假设顶板的弹性模量为 40 GPa,泊松比为 0.4,有效厚度为 0.5 m,岩石容重为 18 kN/m^4。

巷道顶板四边受到约束时,根据罚函数法,可赋予相应的边界弹簧一定的刚度值。根据巷道顶板边界实际情况,巷道靠近工作面侧约束刚度应最低,而巷道前端约束刚度最大,且巷道两端的约束应对称。根据公式(3-9)获得边界约束线刚度值如表 3-1 所示。按照表 3-1中数值即可完成对模型边界的约束。

表 3-1　边界约束线刚度值

线刚度	K_{wx0}	K_{xx0}	K_{yx0}	K_{wxL2}	K_{xxL2}	K_{yxL2}	K_{wy0}	K_{xy0}	K_{yy0}	K_{wyL1}	K_{xyL1}	K_{yyL1}
单位:$10^8(N/m^2)$	1	1	1	0.08	0.08	0.08	0.14	0.14	0.14	0.14	0.14	0.14

液压支架等效刚度可按照公式(3-17)进行估算。

$$K_{ij}=2b_1E_1+\frac{B(f_m-f_0)}{Y(Z_m-Z_0)},i=1,2;j=1,2,3,4 \tag{3-17}$$

式中　B——立柱液压缸内径(立柱横截面积);

Y——立柱高度;

b_1——立柱刚体厚度;

E_1——立柱刚体弹性模量;

f_m——工作阻力下液压缸内部油体压力;

f_0——初撑力下液压缸内部油体压力;

Z_m——工作阻力下立柱行程;

Z_0——初撑力下立柱行程。

根据公式(3-17)确定超前液压支架群组中每组支架立柱等效刚度,如表 3-2 所示。

表 3-2　不同支护方案下超前液压支架群组中每组支架立柱等效刚度值

支护方案	刚度/$10^7(N/m^4)$							
	$K1_1$	$K1_2$	$K1_3$	$K1_4$	$K2_1$	$K2_2$	$K2_3$	$K2_4$
锚固支护	0	0	0	0	0	0	0	0
等强联合支护	1	1	1	1	1	1	1	1
非等强联合支护方案 1	1.9	1.6	1.4	1	1.9	1.6	1.4	1
非等强联合支护方案 2	1.2	1.1	0.9	0.8	1.2	1.1	0.9	0.8
非等强联合支护方案 3	1.1	1.05	0.95	0.9	1.1	1.05	0.95	0.9
非等强联合支护方案 4	1.9	1.8	1.7	1.6	1.9	1.8	1.7	1.6

根据煤矿井下超前液压支架组实际使用情况确定等强联合支护方案下超前液压支架群组中每组支架的支护强度。结合公式(3-18)以及立柱油缸压缩量测量可以获得非等强联合支护方案下超前液压支架群组中每组支架的支护强度。在各支护方案中,靠近工作面端的超前液压支架组定义为第一组超前液压支架,沿巷道走向方向分别定义为第二组、第三组、第四组超前液压支架。各组超前液压支架支护强度如表 3-3 所示。通过观测 6 种支

护方案中各组超前液压支架支护强度可以看出，非等强联合支护方案 1 下，沿巷道走向超前液压支架支护强度呈线性分布；非等强联合支护方案 2 下、非等强联合支护方案 3 下，沿巷道走向超前液压支架支护强度呈正弦函数分布，非等强联合支护方案 4 下，沿巷道走向超前液压支架支护强度呈二次傅里叶函数分布。

$$P_{ij}=K_{ij}\times s_{ij}\quad i=1,2,3,4;j=1,2,3,4 \tag{3-18}$$

式中　P_{ij}——不同超前液压支架组支架支护强度；

K_{ij}——不同超前液压支架组支架等效刚度；

s_{ij}——不同超前液压支架组立柱油缸压缩量。

表 3-3　不同支护方案下各组超前液压支架支护强度

支护方案	支架分组			
	第一组	第二组	第三组	第四组
锚固支护	0	0	0	0
等强联合支护	0.45 MPa	0.45 MPa	0.45 MPa	0.45 MPa
非等强联合支护方案 1	0.74 MPa	0.64 MPa	0.50 MPa	0.48 MPa
非等强联合支护方案 2	0.58 MPa	0.54 MPa	0.40 MPa	0.45 MPa
非等强联合支护方案 3	0.56 MPa	0.54 MPa	0.44 MPa	0.48 MPa
非等强联合支护方案 4	0.75 MPa	0.64 MPa	0.58 MPa	0.54 MPa

3.2.2　不同支护方案支护效果分析

把 15106 工作面回采巷道地质参数和表 3-1、表 3-2 中数据带入到式(3-14)至式(3-16)中可以得到上述六种支护方案下巷道顶板变形、弯矩、应力。

(1) 锚固支护与等强联合支护效果分析

锚固支护和等强联合支护下巷道顶板位移变化情况，如图 3-5 所示。在图 3-5 中，巷道宽度方向 0 m 位置处表示靠近工作面煤壁侧，沿巷道走向方向 0 m 位置处表示工作面端头。由图 3-5 可以看出，两种支护方案下巷道顶板位移均沿着巷道走线方向先增加后逐渐减小。为了保证理论求解的准确性以及更贴近井下实际工况去除边界条件的影响，取沿巷道走向方向 25 m 长度顶板为研究对象。由图 3-5(a)可以看出，在距工作面 7.72 m 处顶板位移量最大，最大值达到 79.98 mm；之后位移逐渐减小，直到距工作面端头 25 m 位置处位移量达到最小值(50.8 mm)，且沿巷道宽度方向可以看出，顶板位移最大值出现在顶板的中线位置。

图 3-5(b)为超前液压支架群组等强联合支护过程中巷道顶板位移的变化情况，顶板位移变化和锚固支护时顶板位移变化相似，但是等强联合支护过程中距工作面端头 4.56 m 处达到最大值(55.28 mm)；之后顶板位移量逐渐减小，到达超前巷道 25 m 位置处位移达到最小值(45.4 mm)。

锚固支护和等强联合支护巷道顶板应力如图 3-7 所示。由图 3-7 可以看出，沿巷道走向方向上，顶板应力先增加后开始逐渐减小，直到距工作面 25 m 处应力达到最小。由图 3-7(a)可以看出，沿巷道走向方向上距工作面 7.44 m 范围内顶板应力逐渐增加；距工作面 7.44 m 时应力达到最大值(－4.44 MPa)；此后顶板应力逐渐开始减小，直到距工作面 25 m 处达到最小值(－2.46 MPa)。

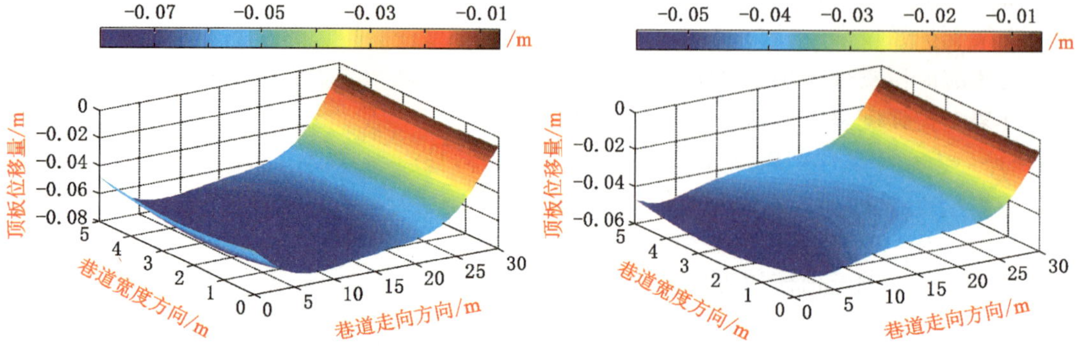

（a）锚固支护巷道顶板位移量　　（b）等强联合支护巷道顶板位移量

图 3-5　锚固支护和等强联合支护下巷道顶板位移变化

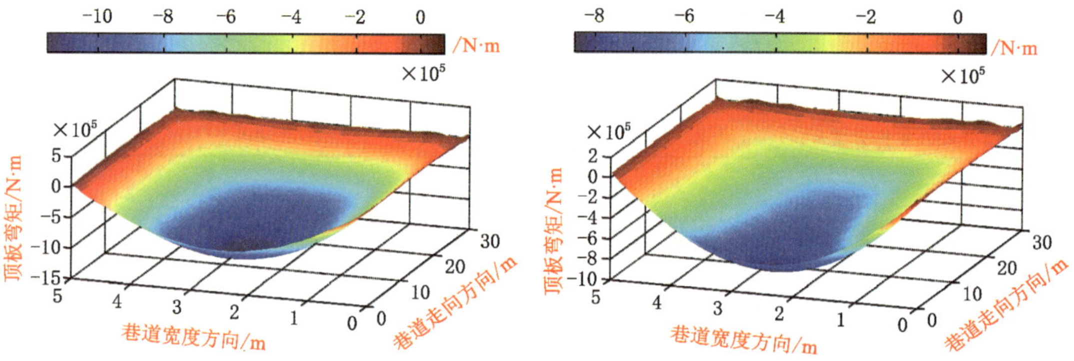

（a）锚固支护巷道顶板弯矩　　（b）等强联合支护巷道顶板弯矩

图 3-6　锚固支护和等强联合支护下巷道顶板弯矩变化

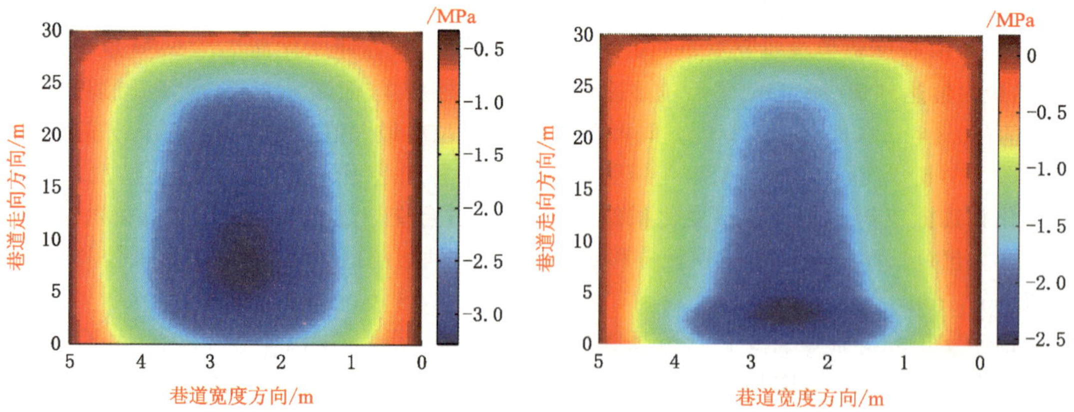

（a）锚固支护巷道顶板应力　　（b）等强支护巷道顶板应力

图 3-7　锚固支护和等强联合支护下巷道顶板应力分布

由图 3-7(b)可以看出，沿工作面走向方向上，顶板应力先增加，距工作面 2.97 m 处达到最大值(−2.54 MPa)；随后顶板应力开始减小，距工作面 25 m 处达到最小值(−1.69 MPa)。由于未考虑工作面采动对巷道顶板应力的影响，两种支护方式下巷道顶板应力沿中线呈对称梯度分布。

通过对比锚固支护和等强联合支护巷道顶板位移变化可以得出，顶板位移均先增加后减小，但是使用超前液压支架群组联合支护巷道时，顶板位移达到最大值的位置提前 4.16 m；沿巷道走向方向上，顶板最大位移降低 24.7 mm，相对比锚固支护时的降低 29.6%，巷道最小位移降低 14.5 mm，相对比锚固支护时的降低 28.5%。

通过对比等强联合支护和锚固支护状态下顶板弯矩分布可以看出，使用超前液压支架群组联合支护时，顶板弯矩增加到最大值距工作面端头距离缩减了 4.46 m；顶板弯矩最大值减小了 412 268.07 N·m，相对比锚固支护巷道时，顶板弯矩最大值降低了 25.95%；顶板最小弯矩降低了 197 669.82 N·m，相对比锚固支护巷道时，顶板弯矩最小值降低了 27.18%。

通过对比两种支护方式下顶板应力分布可以看出，等强联合支护相比锚固支护，巷道顶板应力最大值距工作面位置缩减了 4.46 m；顶板应力最大值减小了 0.89 MPa，相对比锚固支护时，顶板应力最大值降低了 26%；顶板最小应力降低了 0.85 MPa，相对比锚固支护时，顶板应力最小值降低了 44.5%。

通过对比可以看出，超前液压支架群组锚固联合支护时比锚固支护时，顶板稳定性的维护更为有效。

(2) 非等强联合支护效果分析

超前液压支架群组锚固非等强联合支护下巷道顶板位移变化如图 3-8 所示。采用非等强联合支护方案 1 和方案 2 支护巷道时，顶板位移变化相似，均呈现“增加-减小-增加-减小”的趋势。如图 3-8(a)所示，从工作面端头开始沿巷道走向方向顶板位移逐渐增加；距工作面 0.89 m 位置，顶板位移达到最大值(50.66 mm)。之后，巷道顶板位移开始减小，距工作面 11.88 m 位置减小到最小值(47.95 mm)；随后位移开始增加，距工作面 20.79 m 位置达到最大值(40.78 mm)；最后巷道顶板位移减小到 45.85 mm。采用非等强联合支护方案 2 和方案 1 支护时，顶板位移变化相似。从工作面端头到距工作面 2.67 m 位置范围内，顶板位移不断增加；到达 2.67 m 时，其达到最大值(54.45 mm)；随后开始减小，到距工作面 14.66 m 位置时减小到最小值(45.42 mm)；之后开始增加，到距工作面 18.42 m 达到最大值(45.87 mm)；最后位移减小到 48.9 mm。结合超前液压支架群组的位置可以知道，在此支护方案下虽然顶板位移量有所减少，但是第三、四组超前液压支架组不能满足顶板维护的需求，进而造成第三组、第四组超前液压支架组支护顶板范围内位移增加，顶板稳定性降低。

图 3-8(c)、(d)所示为超前液压支架群组联合支护方案 3、4 下顶板位移变化情况。两种方案支护下，顶板位移变化趋势相似，均呈现“增加-减小”的趋势。由图 3-8(c)可以知道，沿巷道走向方向至 2.97 m 位置，巷道顶板位移不断增加，到 2.97 m 时位移达到最大值(55.45 mm)；随后巷道顶板位移一直减小，到距工作面 25 m 处，此时位移最小(48.47 mm)。观察图 3-8(d)可以发现，从工作面端头开始到距工作面 0.89 m 位置处，顶板位移处于增加的趋势，到 0.89 m时位移达到最大(50.49 mm)；之后，顶板位移逐渐减小，直到 25 m 处达到最小值

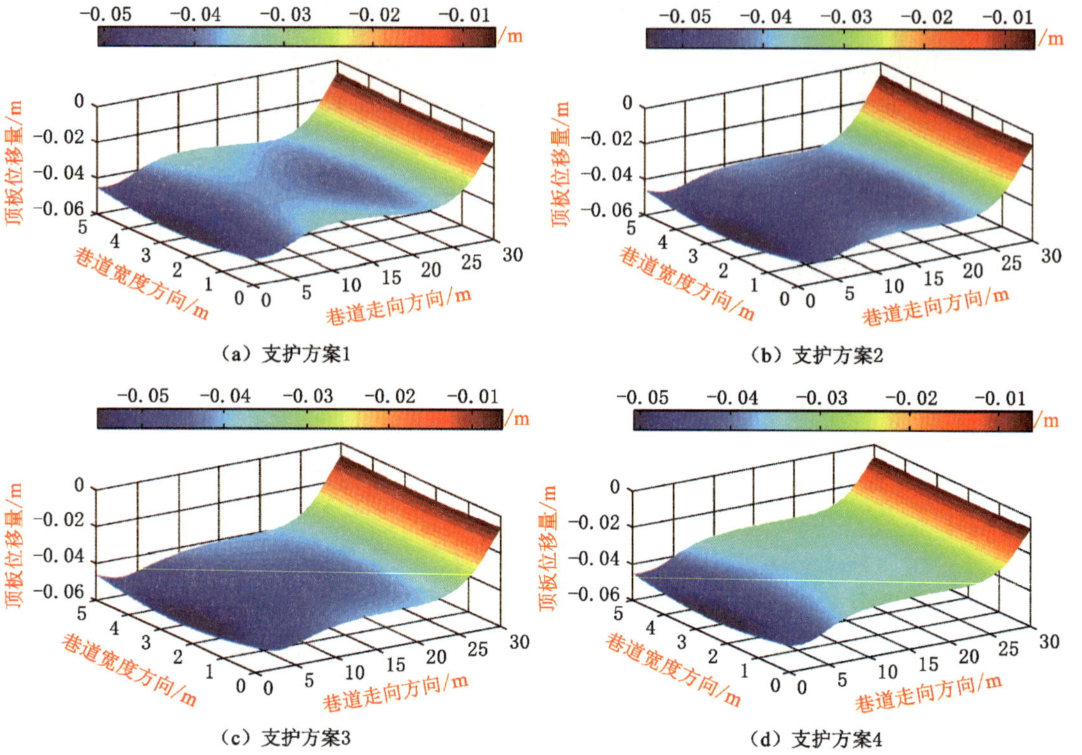

(a) 支护方案1　(b) 支护方案2　(c) 支护方案3　(d) 支护方案4

图 3-8　不同非等强联合支护巷道顶板位移变化

(40.8 mm)。

对比分析可以看出，支护方案 4 相对比方案 1、2，方案 4 对顶板变形的维护效果更加明显。同时，使用支护方案 4 时，顶板最大位移量减小了 4.86 mm，比支护方案 3 时的减小大约 8.7%。因此不难发现使用超前液压支架群组非等强联合支护顶板对顶板变形量控制最好的方案为支护方案 4。

超前液压支架群组非等强联合支护下顶板弯矩变化如图 3-9 所示。如图 3-9(a)和(b)所示，采用方案 1、2 支护时，顶板弯矩变化趋势相似，均呈现“增加-减小-增加-减小”的趋势。采用支护方案 1 支护时，从工作面端头到距工作面 2.48 m 位置处，顶板弯矩不断增加，到 2.48 m 位置弯矩达到最大，最大值达到－744 699.97 N·m；之后开始减小，到距工作面 9.51 m 时减小到最小值(－565 075.46 N·m)；随后顶板弯矩开始增大，到距工作面 21.98 m时顶板弯矩增加到最大(－590 444.45 N·m)；最后顶板弯矩开始减小，到 25 m 处达到最小。

方案 2 支护下巷道顶板弯矩变化如图 3-9(b)所示。从工作面端头到距工作面 2.97 m 位置处，顶板弯矩逐渐增加，最大值达到－818 242.74 N·m；之后到 14.47 m 范围内顶板弯矩一直处于减小趋势，最小值达到－665 847.17 N·m；随后开始增加，到距工作面 18.42 m 位置时，增加到最大值(－669 170.05 N·m)；最后开始减小，直到 25 m 位置时到达最小值(－526 475.29 N·m)。通过顶板弯矩变化可以知道，超前液压支架第二组和第三组不能满足对巷道顶板的支护，造成支护范围内顶板弯矩增加。

由图 3-9(c)和(d)可以看出，在方案 3、4 联合支护下，顶板弯矩呈现“增加-减小”的趋

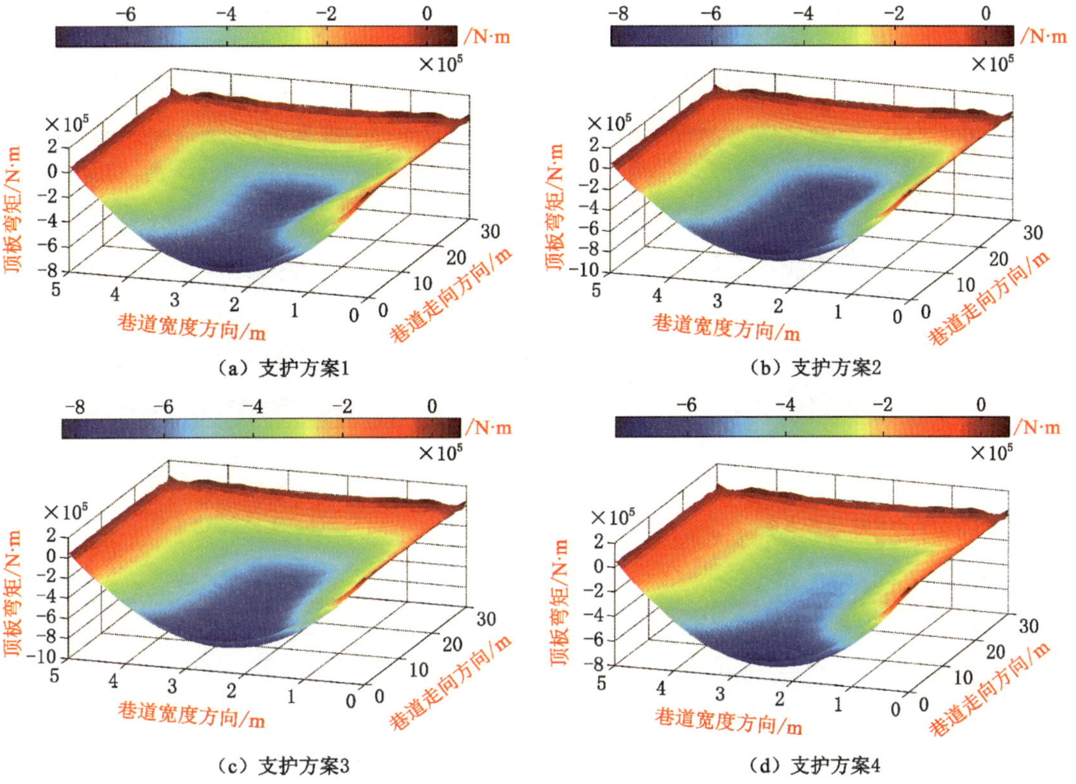

图 3-9　不同非等强联合支护巷道顶板弯矩变化

势。由图 3-9(c)可以看出，沿巷道走向方向从工作面端头到距工作面 4.27 m 范围内，顶板弯矩呈增加趋势，最大弯矩达到－840 684.41 N·m；随后顶板弯矩开始减小，到距工作面 25 m 位置处达到最小值(－542 994.28 N·m)。如图 3-9(d)所示，沿着巷道走向方向从工作面端头到距工作面 2.48 m 范围内，顶板弯矩逐渐增加，最大值达到－744 255.40 N·m；随后开始减小，到距工作面 25 m 位置时减小到最小值(－460 925.67 N·m)。

对比分析可以看出，相对比方案 1、2，方案 4 对顶板弯矩的维护效果更为有效。支护方案 4 相对比支护方案 3，顶板最大弯矩减小了 87 428.11 N·m，比支护方案 3 的减小大约 10.5%。因此超前液压支架群组联合支护方案 4 对巷道顶板稳定性维护效果较好。

图 3-10 所示为 4 种超前液压支架群组非等强联合支护巷道顶板时顶板应力分布。由图 3-10 可以知道，方案 1 和方案 2 沿巷道走向方向顶板应力呈现“增加-减小-增加-减小”的趋势，方案 3 和方案 4 沿巷道走向方向顶板应力呈现“增加-减小”的趋势。由图 3-10(a)所示，从工作面端头到距工作面 2.48 m 范围内，顶板应力呈增加趋势，最大应力达到－2.06 MPa；之后到距工作面 12.77 m 范围内，顶板应力开始减小，最小应力达到－1.5 MPa；随后顶板应力开始增加，到距工作面 19.01 m 巷道顶板应力增加到－1.57 MPa；最后到 25 m 时巷道顶板应力减小到－1.45 MPa。由图 3-10(b)可以知道，，从工作面端头到距工作面 2.97 m 范围内，顶板应力增加，最大应力达到－2.48 MPa；之后顶板应力开始减小，到距工作面 14.47 m 时减小到－1.78 MPa；随后顶板应力值开始增加，到距工作面 14.85 m 时增大到最大(－1.86 MPa)；最后到 25 m 位置时减小到最小

(—1.67 MPa)。方案 1 和方案 2 中第三组超前支架组支护强度造成顶板应力增加，容易造成顶板破坏。

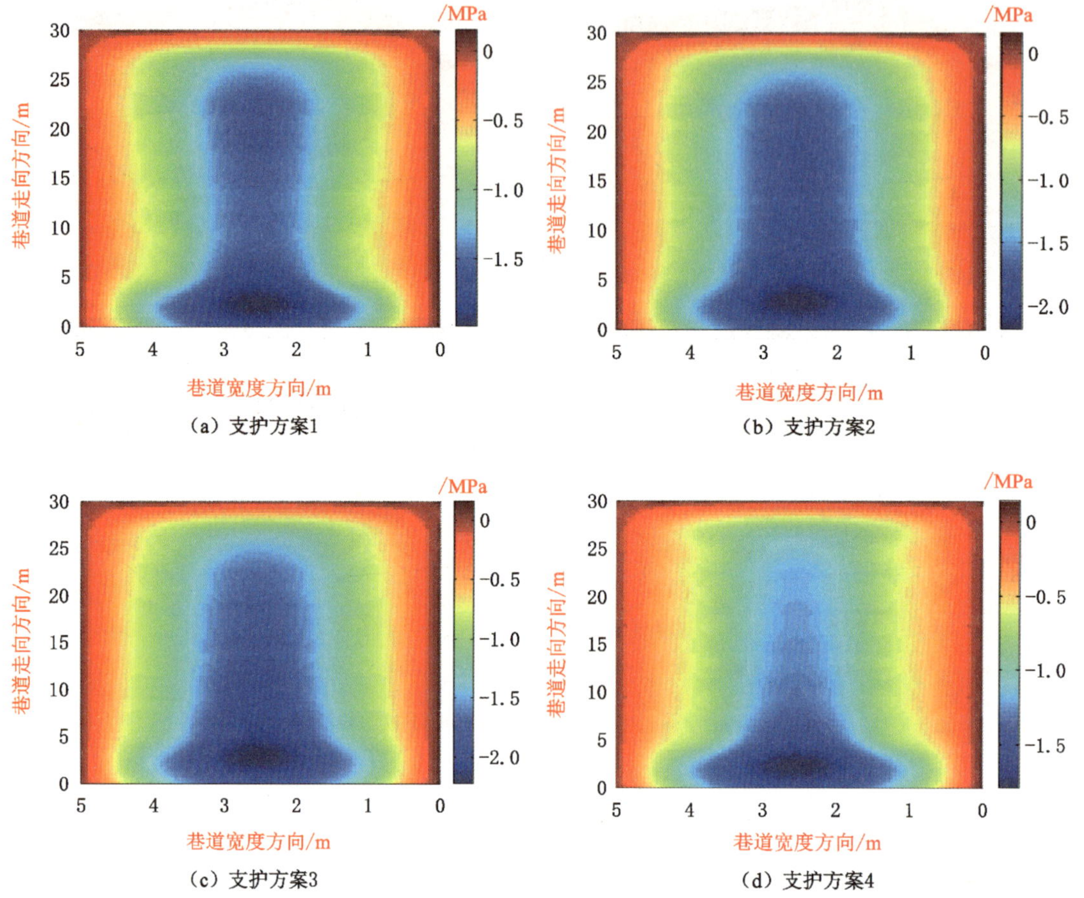

图 3-10　不同非等强联合支护巷道顶板应力分布

由图 3-10(c)可以看出，顶板应力在距工作面 4.27 m 范围呈增大趋势，在 4.27 m 时达到最大(—2.2 MPa)；之后则逐渐减小，到距工作面 25 m 时达到最小值(—1.65 MPa)。图 3-10(d)所示的顶板应力趋势变化与图 3-10(c)所示的相似，在距工作面 2.48 m 范围内，顶板应力呈增加趋势，最大应力达到—1.79 MPa；随后到距工作面 25 m 范围内，顶板应力逐渐减小到最小值(—1.11 MPa)。

通过巷道顶板应力分布可以看出，方案 1 和方案 2 下顶板应力在中间支护段有增加趋势，会造成顶板破坏。而方案 4 相对比方案 3，顶板所产生应力较小。因此超前液压支架群组非等强联合支护方案 4 对巷道顶板的支护效果明显。综合对比超前液压支架群组非等强联合支护 4 种方案下顶板位移、弯矩、应力变化情况可以看出，非等强联合支护方案 4 对巷道顶板的稳定性维护更为有效。

(3) 不同支护方案支护效果对比分析

通过观察可以看出，各种支护方式下巷道顶板中线位置处位移和应力发生变化最大，因此取巷道顶板中线位置处位移、应力进行对比分析如图 3-11 所示。由图 3-11 可以看出，锚固支护巷道时，顶板最大变形量达到 79.98 mm；使用超前液压支架群组联合支护巷道顶板最大变形量不超过 60 mm。显然使用超前液压支架群组联合支护巷道时，顶板变形得到了显著改善。由巷道顶板应力分布情况可以知道，使用锚固支护巷道时，顶板应力最大能够达到 4.44 MPa；使用超前液压支架群组联合支护时，巷道顶板应力不超过 2.6 MPa。因此使用超前液压支架群组联合支护巷道顶板能够显著改善顶板的变形和应力分布。

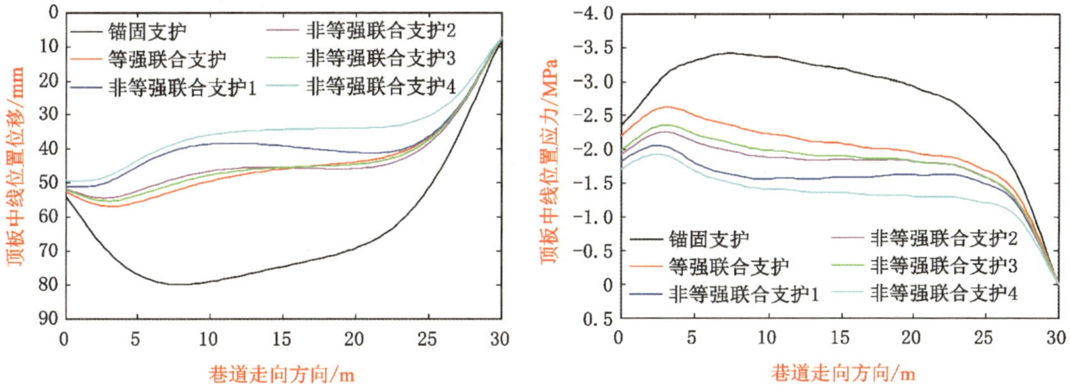

图 3-11　不同支护方案下巷道顶板中线位置处位移和应力结果对比

由超前液压支架群组等强联合支护和非等强联合支护时巷道顶板变形量可以看出，等强联合支护时巷道顶板变形量最大达到 55.28 mm 左右，最小变形量达到 45.4 mm；而非等强联合支护时巷道顶板变形量均比等强联合支护时的小，且等强联合支护时巷道顶板应力均较非等强联合支护时的大，说明非等强联合支护对巷道顶板的稳定具有良好效果，并且非等强联合支护能够更加适应工作面端头位置变形量较大应力较大和巷道前端变形量较小应力小的特点，使得顶板的变形和受力状态更加稳定。因此，非等强联合支护在综采工作面回采巷道超前支护中具有重要的工程意义。

通过综合对比 4 种非等强联合支护方案下巷道顶板位移、应力、弯矩分布情况可以看出，支护方案 4 能够更好适应顶板的变形和应力分布。如图 3-12 所示，支护方案 4 使用的支护强度满足二次傅里叶函数分布，支护方案 2 和 3 近似满足正弦函数分布，支护方案 1 近似满足线性分布。通过对比可以看出，二次傅里叶函数拟合获得非等强联合支护强度更加适合对巷道顶板的支护。二次傅里叶拟合函数如式(3-19)所示。

$$P = 2.781 - 0.226\,5\cos(0.022\,38x) - 0.047\,5\sin(0.022\,38x) - 1.775\cos(0.044\,76x) + 3.817\sin(0.044\,76x) \tag{3-19}$$

式中，x 表示超前液压支架群组所属组数，$x=1,2,3,4$。

因此提出超前液压支架群组锚固“二次傅里叶”非等强联合支护技术对综采工作面回采巷道超前段巷道围岩进行支护。

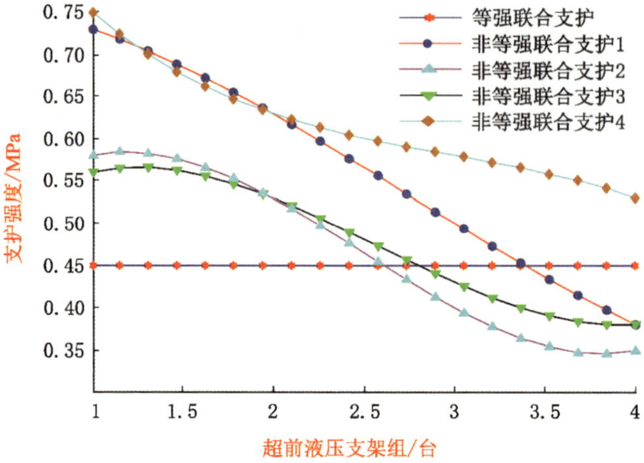

图 3-12　不同支护方案下超前液压支架群组支护强度

3.3　不同影响因素下超前液压支架群组联合支护特性分析

超前液压支架群组锚固联合支护巷道顶板的支护特性受到综采工作面多种不同地质条件和巷道尺寸参数变化的影响，且超前液压支架群组锚固联合支护巷道顶板的优劣直接影响煤矿井下巷道的维护以及操作工人的安全。因此对变地质参数和巷道尺寸参数下超前液压支架群组锚固联合支护特性进行研究十分重要。

根据前述小节中确定的“二次傅里叶”非等强联合支护方案进行变地质参数和巷道参数支护特性研究，从而讨论不同地质条件参数和巷道尺寸参数对联合支护特性的影响。

3.3.1　巷道高度影响联合支护特性分析

由于综采工作面回采巷道顶板较厚，依据普氏免压拱理论可以知道其冒落形状为如图 3-14所示的拱形结构。巷道两帮的破坏范围如式(3-20)所示。

$$c_1=\left(\frac{k_c\gamma Hk_1}{100\sigma_{煤}}-1\right)h_1\tan\left(45^{\circ}-\frac{\varphi}{2}\right) \tag{3-20}$$

式中　k_c——巷道周边挤压应力集中系数；

ρ——岩石平均密度，t/m^4；

H——埋深，m；

k_1——采动影响系数；

$\sigma_{煤}$——顶煤单轴抗压强度，MPa；

h_1——巷道高度，m；

φ——顶煤内摩擦角。

由公式(3-20)可以知道，巷道高度的变化将改变巷道两帮的破坏范围，进而造成对巷道

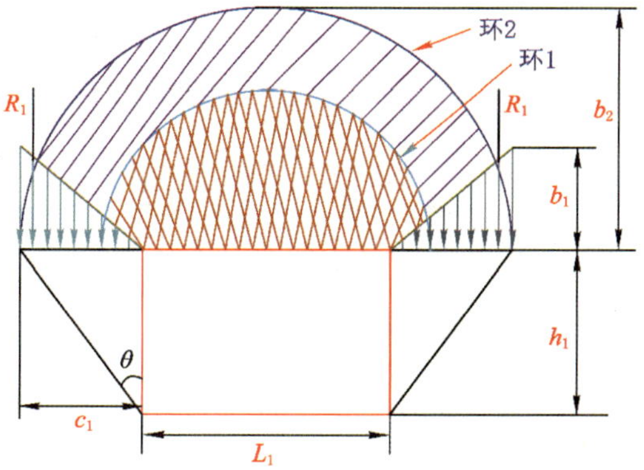

图 3-13　回采巷道顶板冒落拱结构

顶板的稳定性的影响。因此分别研究巷道高度为 3.5 m、4.0 m 及 4.5 m 三种巷道高度时顶板中线的变形量和应力分布情况，其结果如图 3-14 所示。

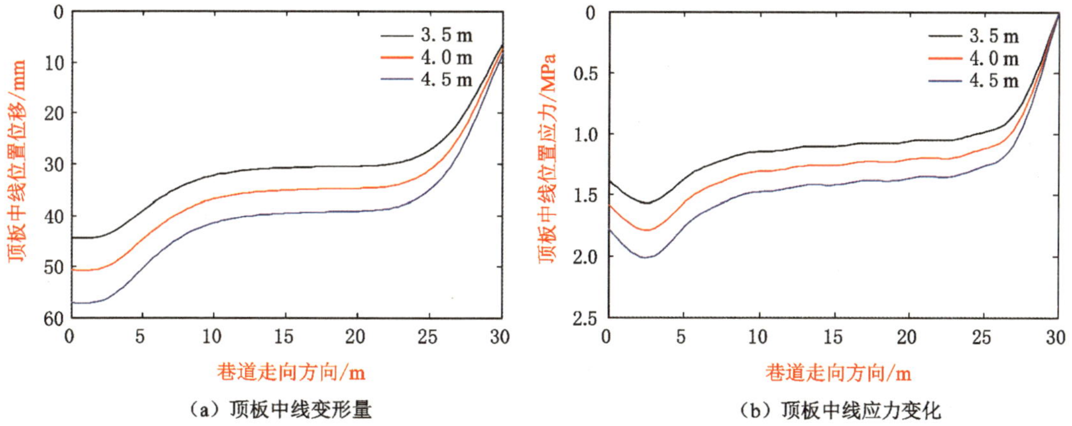

图 3-14　不同巷道高度下巷道顶板中线位置处位移和应力对比

通过公式(3-20)和图 3-14(a)可以知道，随着巷道高度的增加，巷道两帮破坏范围增大造成顶板稳定性降低，从而导致沿巷道走向方向顶板中线处变形量随之增大。巷道高度为 3.5 m、4.0 m、4.5 m 时，顶板最大变形量分别为 57.14 mm、50.49 mm、44.44 mm，均出现在距工作面 0.89 m 位置处；顶板最小变形量分别为 44.14 mm、40.8 mm、27.51 mm，均出现在距工作面 25 m 位置处。沿巷道走向方向顶板位移均值分别为 44.46 mm、48.54 mm、44.72 mm。在相同的支护方案下，3.5 m、4.0 m 高度巷道较 4.5 m 高度巷道，顶板变形量最大值分别增加了 12.7 mm、5.05 mm；顶板变形量最小值分别增加了 5.64 mm、4.29 mm；顶板变形量均值分别增加了 9.64 mm、4.82 mm，说明巷道高度的增加需要通过增加支护强度来保证支护效果。如图 3-14(b)所示，顶板中线沿巷道走向方向应力值变化随着巷道高度的增加逐渐增加。巷道高度为 3.5 m、4.0 m、4.5 m 时，顶板最大应力分别为 2.01 MPa、1.79 MPa、1.57 MPa；顶板最小应力值分别为 1.25 MPa、1.11 MPa、0.98 MPa，均出现在距工作面 25 m 位置处。沿巷道走向方向，顶板应力均值分别为 1.54 MPa、1.46 MPa、1.19 MPa。在相同的支护方案下，3.5 m、4.0 m 高度巷道较 4.5 m 高度巷道，顶板应力最大值分别增加了 0.44 MPa、0.22 MPa；顶板应力最小值分别增加了 0.27 MPa、0.14 MPa，顶板应力均值分别增大了 0.44 MPa、0.17 MPa。

通过上述计算结果可以看出，在使用相同的支护方案时，巷道高度与顶板变形量和应力呈正相关，因此巷道高度的变化需要调整支护强度来保证巷道顶板的稳定。

3.3.2 顶板弹性模量影响联合支护特性分析

从顶板弹性模量定义上看，其是衡量抵抗弹性变形能力大小的尺度。因此讨论顶板不同弹性模量对确定支护方案下顶板变形量和应力变化的影响十分重要。选取顶板弹性模量分别为 20 GPa、30 GPa 和 40 GPa 进行研究。沿巷道走向方向，顶板中线的变形量、应力变化如图 3-15(a)和(b)所示。

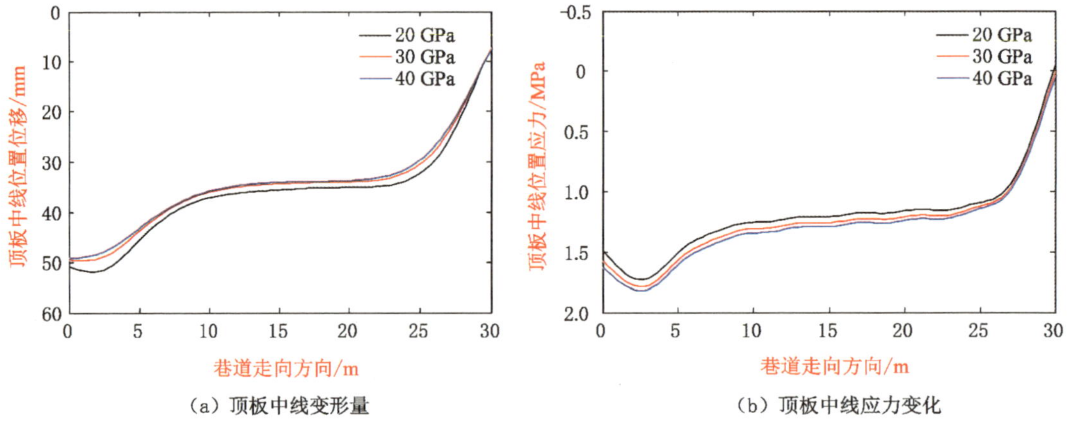

图 3-15 不同巷道顶板弹性模量下巷道顶板中线位置处位移和应力对比

随着顶板弹性模量的增加，顶板中线的变形量有所减小。20 GPa、30 GPa、40 GPa 时，顶板最大变形量分别为 52.78 mm、50.49 mm、50.08 mm；沿顶板走向方向，顶板变形量均值分别为 49.77 mm、48.54 mm、47.86 mm。因此，在相同支护方案支护情况下，20 GPa、30 GPa较 40 GPa 顶板最大变形量分别增加了 2.7 mm、0.71 mm，顶板变形量均值分别增加了 1.91 mm、0.68 mm，表明其显著性不大。

如图 3-15(b)所示，随着顶板弹性模量的增加，顶板的应力随之增加。20 GPa、30 GPa、40 GPa 时，顶板应力最大值分别为 1.74 MPa、1.79 MPa、1.82 MPa，且沿巷道顶板走向方向，顶板应力均值分别为 1.4 MPa、1.46 MPa、1.49 MPa。据此可以看出，顶板弹性模量增加时，在相同支护方案支护下，30 GPa、40 GPa 较 20 GPa 顶板最大应力分别增加了 0.05 MPa、0.08 MPa，顶板应力均值分别增加了 0.06 MPa、0.09 MPa。

通过对顶板弹性模量变化下顶板中线位移和应力对比可以看出，巷道顶板弹性模量与顶板变形量呈负相关，与顶板应力呈正相关；弹性模量的变化对顶板变形量和应力的影响不是特别显著。

3.3.3 端头破碎程度影响联合支护特性分析

综采工作面端头采空区的破碎程度反映到模型中即为巷道顶板工作面端的约束刚度。破碎程度高则约束刚度小,破碎程度低则约束刚度大。因此研究工作面端约束刚度对超前液压支架群组联合支护下顶板变形量和应力的影响十分重要。选取巷道工作面端头约束刚度,如表 3-4 所示。

表 3-4 工作面端头不同破碎程度等效约束刚度值

	K_{wxL2}	K_{xxL2}	K_{yxL2}
方案 1	6×10^6 N/ m^2	6×10^6 N/ m^2	6×10^6 N/ m^2
方案 2	8×10^6 N/ m^2	8×10^6 N/ m^2	8×10^6 N/ m^2
方案 4	1×10^7 N/ m^2	1×10^7 N/ m^2	1×10^7 N/ m^2

如图 3-16 所示,随着工作面端头约束刚度的增加,在距工作面 5 m 范围内顶板的位移量逐渐减小,但是之后支护段巷道顶板的变形量没有发生明显变化。在距工作面 5 m 范围内顶板的应力随着约束刚度的增大逐渐减小,之后支护段巷道顶板的应力没有发生明显变化。这说明工作面端头约束刚度的变化与巷道顶板距工作面 5 m 范围内变形量和应力值呈负相关趋势。

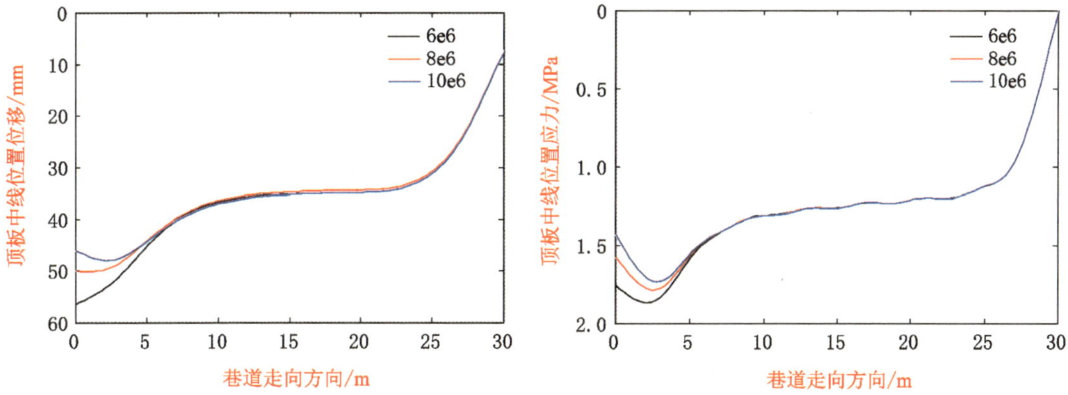

(a) 顶板中线变形量 (b) 顶板应力变化

图 3-16 不同工作面破碎程度下巷道顶板中线位置处位移和应力对比

显而易见,当工作面端头顶板破碎程度不同时,只需要适当调整靠近工作面端头位置处的超前液压支架组(后续超前液压支架群组无需明显变化)即可满足对巷道顶板的有效支护。

通过对比巷道高度、顶板弹性模量、端头破碎程度等地质参数对支护效果的影响可以看出,巷道高度对顶板变形量和应力值影响较大,需要调整超前液压支架群组中每组液压支架支护强度。根据巷道高度与顶板变形量和应力变化呈正相关关系可以对公式(3-19)进行修正,如式(3-21)所示。

$$P=\frac{h_1}{4}\begin{pmatrix}2.781-0.226\ 5\cos(0.022\ 38x)-0.047\ 5\sin(0.022\ 38x)\\-1.775\cos(0.044\ 76x)+3.817\sin(0.044\ 76x)\end{pmatrix}\tag{3-21}$$

式中　h_1——巷道高度。

在不同的地质条件和巷道参数下，可以使用公式(3-21)确定超前液压支架群组锚固非等强联合支护强度，进而完成对巷道顶板的有效维护。

第 4 章　回采巷道联合支护力学特性相似模拟试验研究

探究使用相似材料浇筑综采工作面回采巷道，以模拟超前液压支架群组以及锚固装备等强和非等强联合支护下巷道顶板的力学特性，可为综采工作面回采巷道顶板稳定性维护提供基础指导和参考。

4.1　综采工作面回采巷道联合支护力学特性相似模拟试验设计

4.1.1　工程地质条件

(1) 某煤矿 15106 工作面水文地质条件及巷道布置

矿井井田位于沁水煤田的北部，东西平均走向长 9.407 km，南北平均倾斜宽 2.96 km，井田面积 27.820 5 km^2，全井田内剩余煤炭资源储量 22 908 万吨。矿井批准开采 8#、15#煤。矿井核定生产能力为 90 万吨/年，属煤与瓦斯突出矿井。

15106 工作面是某煤矿于 2018 年开始建设的一个可采储量为 697 417 t 的新掘工作面。该工作面地表位于刘家垴村以东 650 m，小寨村以西 223 m。季节性东河支流由东向西流经该工作面。井田地理坐标：东经 113°11′15″～113°17′58″、北纬 37°55′55″～37°58′48″，工作面标高为＋695.3～＋763.2 m，地面标高为＋1 183.6～＋1 261.3 m，煤层埋藏深度为 488.3～498.1 m。

工作面煤层属于太原组灰岩带压开采区域。矿井煤质较软、瓦斯含量高、透气性差；矿井水文类型划分为中等。根据前期勘测瓦斯地质图分析可知，15106 工作面回采过程中预计绝对瓦斯涌出量平均 25.5 m^3/min；瓦斯含量平均 11 m^3/t；瓦斯压力平均 0.55 MPa。15106 工作面主要受太原组石灰岩裂隙岩溶水影响，涌水量为 4.55 m^3/h，工业用水约为 2 m^3/h，工作面正常涌水量为 6.55 m^3/h，最大涌水量为 13.10 m^3/h。

15106 工作面两侧分别开掘进风巷道、回风巷道、高抽巷道、顶板低位抽采巷道，如图 4-1 所示。工作面走向方向上落差大于 1/2 煤厚的断层有两条(f3、f9)，如图 4-1(b)所示。巷道揭露七条正断层(f1、f2、f4、f5、f6、f7、f8)，两条挠曲(NQ1、NQ2)，如图 4-1(a)所示。工作面走向方向共计 10 个陷落柱。回采至 8 m 会揭露坑透解释的 KTX1 陷落柱(50 m×32 m)，回采至 117 m 会揭露坑透解释的 KTX2 陷落柱(35 m×23 m)，回采至 173 m 会揭露坑透解释的 KTX3 陷落柱(25 m×25 m),回采至 218 m 会揭露 81# 煤实测 X63 陷落柱(177 m×75 m),回采至 736 m 会揭露坑透解释的 KTX5 陷落柱(33 m×23 m),5 个陷落柱均对回采有很大影响。其余 KTX6、X53、X82、X98、X52 陷落柱在设计停采线外,且对回采无影响。

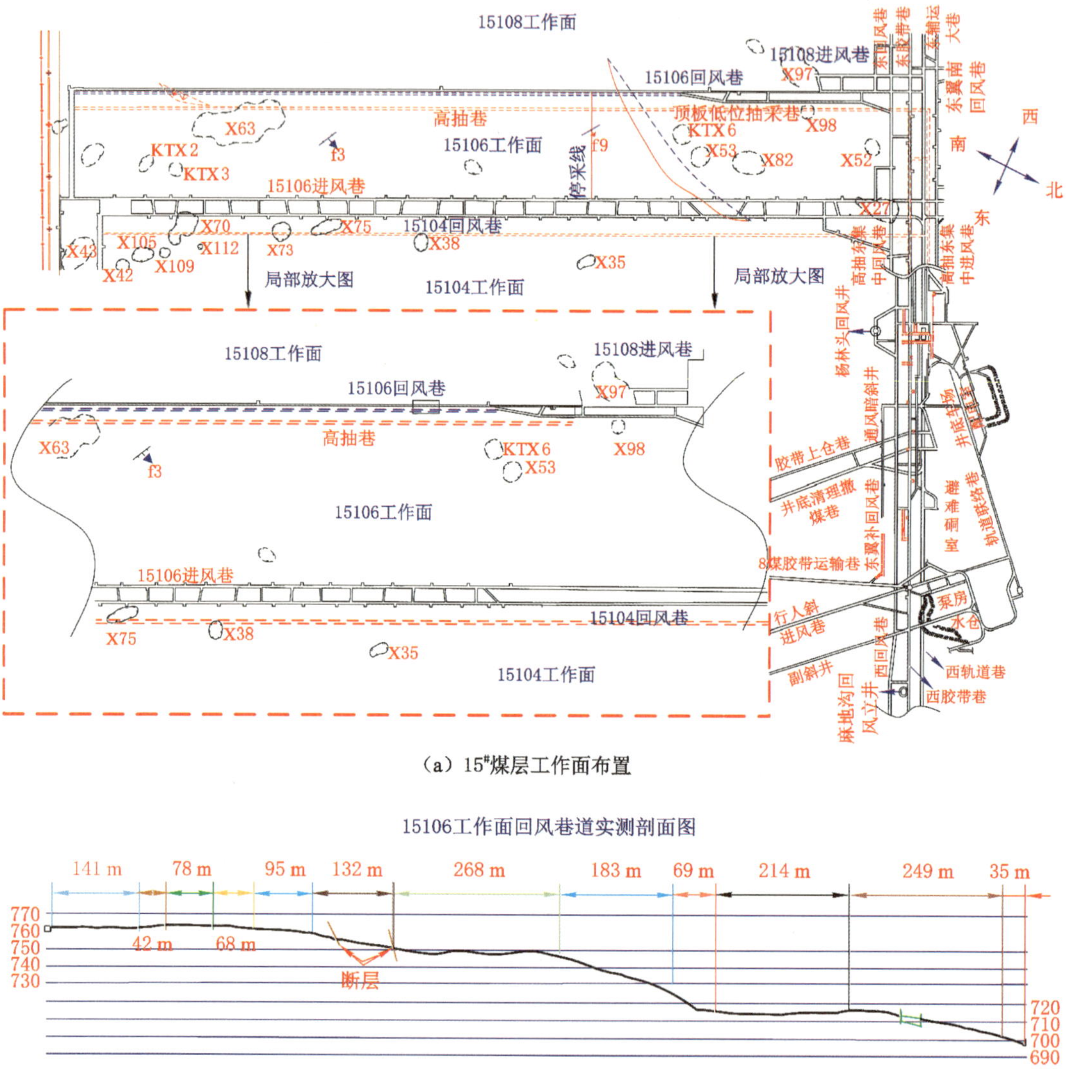

(a) 15#煤层工作面布置

(b) 15106工作面回风巷道实测剖面

图 4-1　15106 工作面巷道布置

15106 工作面至停采线共计 1 948.3 m。采用倾斜长壁大采高综采自动化采煤方法采煤,采用自然垮落法处理采空区。工作面采高控制在 3.2 m。在实际生产过程中,根据地质条件变化可以调整采高范围,但最小采高不得低于 3.2 m,最大采高不得高于 4.8 m。

(2) 15106 工作面煤层赋存条件

15106 工作面总体形态为北高南低的单斜构造,煤层倾角 2°～10°,平均 6°。煤呈块状、末状，以镜煤为主（亮煤次之），夹暗煤，属光亮型煤。煤层可采指数为 1，变异系数为 9%。煤层总体稳定。15# 煤层上直接顶为 K2 下灰岩，厚度为 2.32 m；老顶为砂质泥岩，厚度为 9.05 m，含有白色云母片；直接底为砂质泥岩，厚度为 3.3 m，含砂量大，夹大量砂岩条带；老底为细粒砂岩，厚度为 4.34 m，含大量黑色矿物和少量炭屑，分选差，磨圆差，泥质胶结，层面具有植物叶片印痕。15106 工作面综合柱状图如图 4-2 所示。

4.1.2　试验内容

为了验证理论计算获得的锚固支护、超前液压支架群组锚固等强、非等强联合支护回采巷道围岩的应力和位移结果的准确性以及所提出超前液压支架群组锚固“二次傅立叶”非等强联合支护巷道围岩的合理性，依据 15106 工作面工程背景设计了综采工作面回采巷道锚固支护和超前液压支架群组锚固等强、非等强联合支护相似模拟试验模型。在“辽宁省教育厅矿山沉陷灾害防治重点实验室”设计的三维相似模拟试验台进行试验研究。试验台如图 4-3 和图 4-4 所示。

三维相似模拟试验台的框架结构采用 45 号钢焊接组成。在框架结构底座平台中间固定（长×宽）2 m×1 m 的槽体用于试验模型的浇筑。试验模型可浇筑高度为 1 m。液压站试验机采用电液比例阀控制，可实现无极调压，长期保存。

槽体顶部安装模拟垂直加载系统。该加载系统使用 4 根液压缸连接，并使用法兰盘将液压缸固定到框架结构上。4 根液压缸连接平衡阀能够保证推移杆同步进行伸缩，保证顶板能够平稳加载试验模型上，从而避免了偏载以及一些不同步加载情况。

围岩加载系统中，每侧安装 4 根支撑板，每根支撑板连接 2 根液压缸，2 根液压缸连接平衡阀以保证支撑板能够平稳加载到试验模型上。上端垂直应力加载系统油缸额定压力为2 200 t/m^3，围岩水平加载系统油缸额定压力为 1 000 t/m^3，并留有 30% 以上的储备能力。

相似模拟试验台使用液压机系统进行整个顶板垂直加载系统、水平围岩加载系统的控制。液压机系统由液压站、管路、油缸及电气控制台组成，如图 4-4 所示。液压站采用电液比例阀控制压力，其输出压力为 0～25 MPa。压力可恒定在任意数值上。液压站包含各种阀组（共 17 套），元件均采用力士乐系列，均可实现无极调压、分别控制。

模拟试验主要将试验中实测不同支护方案中模拟巷道顶板的力学特性与理论计算结果进行对比分析，验证综采工作面回采巷道超前液压支架群组锚固“二次傅立叶”非等强联合支护研究方法的科学性和理论研究结果的准确性。

① 为了获得锚固支护回采巷道围岩位移变化情况，在浇筑模拟试验模型中开挖模拟 15108 进风巷道，使用 ϕ20 mm×16 mm 保险丝模拟锚杆、ϕ2 270 mm 保险丝模拟锚索支护。锚固剂选用石膏和聚醋酸乙烯乳液进行加固。锚杆、锚索托盘选用 10 mm×10 m×0.5 mm 的薄铁皮进行模拟。试验中通过试验台框架上的液压缸加载系统分别进行垂直压力和水平压力补偿载荷的加载，检测模拟试验锚固支护巷道的位移变化情况。

② 进行超前液压支架群组锚固“二次傅立叶”非等强联合支护回采巷道支护特性研究。在试验模型中开挖模拟 15106 工作面回风巷道，按照模拟 15108 进风巷道围岩锚杆、锚索布置方式进行巷道围岩锚固装备安设，之后将 4 组模拟超前支架组架设到试验巷道中，按照理论计算得到的每组支护强度分别进行支护，检测支护过程中回风巷道顶板的应力和位移变

地层单位				层厚/m	累厚/m	柱状 1:200		岩石名称	岩性
古生界	石炭系	上统	太原组	4.16	4.16			细粒砂岩	成分石英、长石为主，含黑色矿物及少量云母片，含植物根茎化石，分选磨圆好，泥质胶结，距节理
				6.28	10.44			砂质泥岩	性脆，断口平坦状，含砂量大，夹砂岩条带，含植物碎片化石
				3.22	13.66		K_4	石灰岩	性硬，裂隙被方解石脉填充，下部含泥质较大
				0.35	14.01		11	煤层	煤呈块状，亮煤为主，属光亮型煤
				8.02	22.03			砂质泥岩	性脆，断口平坦状，含黄铁矿晶体，夹砂岩条带，含植物根茎化石
				1.77	23.08		12	煤层	煤呈块状，镜煤为主，亮煤次之，0.73（0.30）
				1.09	24.89			泥岩	性脆，断口参差状，含丰富黄铁矿晶体，含植物根茎化石
				2.46	27.35		K_3	石灰岩	性硬，质纯，含方解石细脉，含海相动物化石
				1.44	28.79			泥岩	性脆，断口平坦状，含黄铁矿晶体，方解石细脉
				0.38	29.17		13	煤层	扶把感觉
				4.52	33.69			砂质泥岩	性脆，断口参差状，含植物根茎化石，含砂量不均
				5.70	39.39		K_2	石灰岩	性硬，质纯，裂隙发育，含方解石细脉
				1.56	40.95			砂质泥岩	性脆，断口参差状，含植物化石
				3.00	43.95			细粒砂岩	成分石英、长石为主，含大量云母片、黑色矿物，分选磨圆好，泥质胶结
				9.05	53.00			砂质泥岩	性脆，断口平坦状，含砂岩条带，含大量植物碎片化石，含白色云母片
				2.32	55.32		$K_{2下}$	石灰岩	性硬，质纯，含方解石细脉，裂隙未发育
				3.16	58.48		15	煤层	煤呈块状，亮煤为主，夹镜煤，其次暗煤，属光亮型煤，煤层结构为1.16（0.3）1.70
				3.30	61.78			砂质泥岩	性硬，断口平坦状，含砂量大，夹大量砂岩条带，含植物根茎化石及黄铁矿晶体
				4.34	66.12			细粒砂岩	成分以石英、长石为主，含白色云母片、暗色矿物、黄铁矿晶体，分选磨圆好，钙质胶结，平行层理
				2.02	68.14			砂质泥岩	性脆，断口平坦状，局部为泥岩，中下部微含铝质，含植物碎片化石，具节理

图 4-2　15106 工作面综合柱状图

图 4-3　试验台框架系统

图 4-4　试验台液压控制系统

化情况。

③ 进行超前液压支架群组锚固等强联合支护回风巷道支护特性研究。使用模拟 15106 模拟试验巷道，设置超前液压支架群组的支护强度为相同值，进行试验巷道围岩支护，监测支护过程中回风巷道顶板的应力和位移变化情况。

4.1.3　试验方案设计

综采工作面回采巷道联合支护相似模拟试验目的和内容明确后，需进行试验方案的设计。试验方案如图 4-5 所示。

试验共分为三大部分。第一部分进行模拟试验参数设计、试样物理力学参数测定和试验模型铺设、数据采集系统安装。第二部分进行 3 种回采巷道超前支护方案模拟试验的开展。第三部分进行不同超前支护方案下获得的顶板位移和应力试验结果的对比分析。

结合工作面现实条件和试验台的尺寸确定模拟试验的尺寸相似比、强度相似比等相似常数，按照相似常数确定模拟试验中每层铺设物料的配比关系，按照配比关系进行试样浇筑风干一段时间后使用万能试验机进试样的物理力学参数测定，通过与煤岩体的物理力学参数对比确定相似常数的合理性。

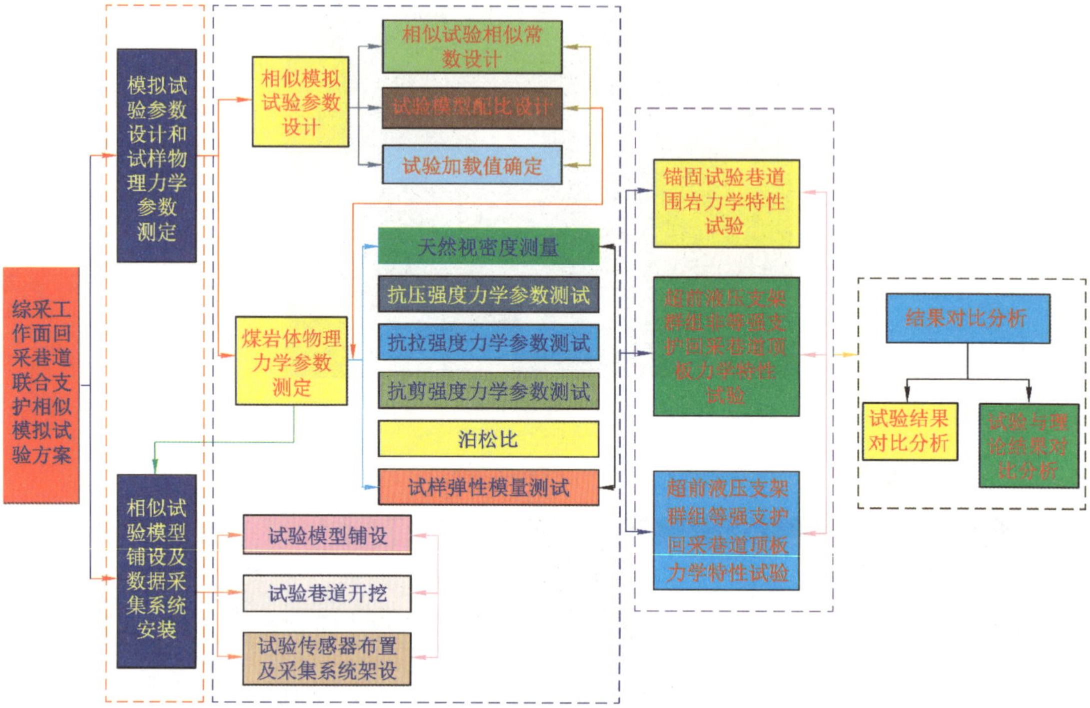

图 4-5　相似模拟试验设计方案

4.2　试验参数设计及试样物理力学参数测定

4.2.1　相似模拟试验参数设计

（1）模拟试验相似参数设计

从 15106 工作面地质条件可以看出，工作面长度为 200 m，工作面可采长度为 974 m，工作面埋深为 490.5 m。由于该矿为高瓦斯矿，所以工作面两边布置 4 条巷道（进风巷道、回风巷道、高位抽采巷、低位抽采巷）。其中，回风巷道端面长 5 m，净高 4 m，断面积 20 m^2。由于试验台框架结构的尺寸（长×宽×高）为 2 m×1 m×1 m，以及工作面巷道的端面尺寸等条件限制，按照公式(4-1)确定几何相似比为 40∶1，几何相似常数为 40。因此模拟 15106 回风试验巷道和 15108 进风试验巷道端面尺寸（长×宽）为 125 mm×100 mm（实际 5 m×4 m），15106 工作面长度 300 mm（实际 12 m），可采长度 80 m 的工况环境。

$$\alpha_L = \frac{L_a}{L_m} = 40:1 \tag{4-1}$$

式中　α_L——几何相似常数；

L_a——原型长度；

L_m——模拟长度。

根据公式(4-2)可以获得容重相似比为 1.6∶1。

$$\alpha_l = \frac{\gamma_a}{\gamma_m} = 1.6 : 1 \tag{4-2}$$

式中　α_l——容重相似常数；

γ_a——原型容重；

γ_m——模拟容重。

相似理论中要求原型与模型中各处对应点时间成一定比例。根据牛顿定律和岩层移动相似准数导出方法，可以得出时间比例与尺寸相似比的关系为：

$$\alpha_t = \sqrt{\alpha_L} = \frac{T_a}{T_m} = \sqrt{\frac{L_a}{L_m}} = \sqrt{40} \tag{4-3}$$

依照相似定理，煤岩体强度（弹性模量、内聚力、弹性抗力、抗压强度等）的强度相似常数 α_p 按照公式(4-4)可计算获得。

$$\alpha_p = \frac{p_a}{p_m} = \alpha_L \times \alpha_l = 64 \tag{4-4}$$

（2）相似模型配比方案设计

煤岩层所用的相似材料通常由骨料和胶结材料按照相应的配比方法使用水进行混合搅拌进而浇筑。本次试验骨料使用砂，胶结材料使用石灰、石膏。在进行混合搅拌过程中，为了减慢胶结材料的凝结，使用硼砂进行缓凝处理。

根据 15106 工作面综合柱状图，按照前小节中相似常数的确定，可逐层求出煤岩层的强度指标。通过已有研究以及对不同配比材料力学性能测试，查阅采矿综合试验相关规定确定出模型中各岩层的配比号。按照公式(4-5)计算得到各分层相似材料用量，如表 4-1 所示。

$$G_{重} = l_m \times d_m \times h_m \times \gamma_m \tag{4-5}$$

式中　$G_{重}$——模型分层材料总质量，kg；

l_m——模型长度，m；

d_m——模型宽度，m；

h_m——模拟分层厚度，m；

γ_m——该模拟岩层的容重，kg/m^3。

表 4-1　相似模拟试验材料配比表

序号	岩性	埋深 /m	配比号	分层数	分层厚度 /mm	总质量 /kg	砂子 /kg	石灰 /kg	石膏 /kg	水 /kg
1	中粒砂岩	457.77	355	4	15.7	227.3	151.6	25.3	25.3	25.3
2	粗粒砂岩	460.28	437	3	14.4	149.2	106.1	8.0	18.6	16.6
3	粉砂岩	462.01	437	3	14.0	151.7	107.9	8.1	18.9	16.9
4	中粒砂岩	463.69	355	5	15.1	273.4	182.3	30.4	30.4	30.4
5	粗粒砂岩	466.71	437	4	15.9	219.8	156.3	11.7	27.3	24.4
6	砂质泥岩	469.26	537	1	14.9	52.1	38.6	2.3	5.4	5.8
7	细粒砂岩	469.85	455	2	12.4	84.6	60.1	7.5	7.5	9.4

表4-1(续)

序号	岩性	埋深 /m	配比号	分层数	分层厚度 /mm	总质量 /kg	砂子 /kg	石灰 /kg	石膏 /kg	水 /kg
8	砂质泥岩	470.84	537	1	16.8	58.8	43.6	2.6	6.1	6.5
9	细粒砂岩	471.52	455	2	10.7	72.8	51.7	6.5	6.5	8.1
10	中粒砂岩	472.37	355	5	16.9	308.9	206.0	34.3	34.3	34.3
11	细粒砂岩	475.75	455	2	13.9	94.3	67.1	8.4	8.4	10.5
12	砂质泥岩	476.86	537	3	13.9	146.6	108.6	6.5	15.2	16.3
13	石灰岩	478.53	337	2	10.7	84.2	56.1	5.6	13.1	9.4
14	煤层	479.39	573	1	2.3	4.3	3.2	0.5	0.2	0.5
15	砂质泥岩	479.48	537	3	17.8	187.1	138.6	8.3	19.4	20.8
16	煤层	481.62	573	1	11.8	21.9	16.3	2.3	1.0	2.4
17	泥岩	482.09	555	1	7.3	23.1	17.1	1.7	1.7	2.6
18	石灰岩	482.38	337	1	16.4	64.3	42.9	4.3	10.0	7.1
19	泥岩	483.04	555	1	9.6	30.5	22.6	2.3	2.3	3.4
20	煤层	483.42	573	1	2.5	4.7	3.5	0.5	0.2	0.5
21	砂质泥岩	483.52	537	2	15.1	105.5	78.1	4.7	10.9	11.7
22	石灰岩	484.73	337	2	19.0	148.9	99.3	9.9	23.2	16.6
23	砂质泥岩	486.25	537	1	10.4	36.4	27.0	1.6	3.8	4.1
24	细粒砂岩	486.66	455	2	10.0	68.0	48.4	6.1	6.1	7.6
25	砂质泥岩	487.46	537	4	15.1	211.1	156.4	9.4	21.9	23.5
26	石灰岩	489.88	337	1	15.5	60.6	40.4	4.1	9.4	6.7
27	煤层	490.5	573	2	10.5	39.2	29.1	4.1	1.7	4.4
28	砂质泥岩	491.38	537	2	11.0	77.0	57.1	3.4	8.0	8.6
29	细粒砂岩	492.54	455	2	14.5	98.4	70.0	8.8	8.8	10.9
30	砂质泥岩	493.08	537	1	13.5	47.1	34.9	2.1	4.9	5.2
31	泥岩	493.29	555	1	5.3	17.0	12.6	1.3	1.3	1.9
32	粉砂岩	494.91	437	3	13.5	146.2	103.9	7.8	18.2	16.2
33	细粒砂岩	495.38	455	1	11.8	40.1	28.5	3.6	3.6	4.5
34	砂质泥岩	495.97	537	1	14.7	51.3	38.0	2.3	5.3	5.7
35	石灰岩	496.66	337	1	17.3	67.8	45.2	4.2	10.6	7.5
36	碳质泥岩	496.84	537	1	4.5	14.3	10.6	0.6	1.5	1.6
37	砂质泥岩	497.18	537	1	8.3	29.2	21.6	1.0	3.1	3.2

经过计算可知,模拟试验中骨料砂子使用量为 2 481.1 kg,石灰使用量为 252.16 kg,石膏使用量为 393.83 kg,水使用量为 391.01 kg;浇筑模型使用骨料和胶结物、水共计 3 127.09 kg。

(3) 试验模型补偿加载值计算

由于试验台尺寸限制，在进行相似试验过程中，所浇筑的相似模型只能模拟工作面一定高度的上覆煤岩层，不能够将整个埋深的岩层进行模拟。因此，在进行试验时，对上覆未能堆砌煤岩层采取等效应力载荷加载的方法进行加载。如图 4-6 所示，未能堆砌煤岩层上存在 n 层不同岩性岩层。在未能堆砌煤岩层取一微元体，则微元体的应力可按照公式(4-6)进行计算。

$$\sigma_{z补偿}=\sum_{i=1}^{n}\gamma_i\times H_i \tag{4-6}$$

式中　γ_i——各煤岩分层容重，$i=1,2,3\cdots\cdots$；

H_j——各煤岩分层厚度；

σ_z——需补偿垂直应力值。

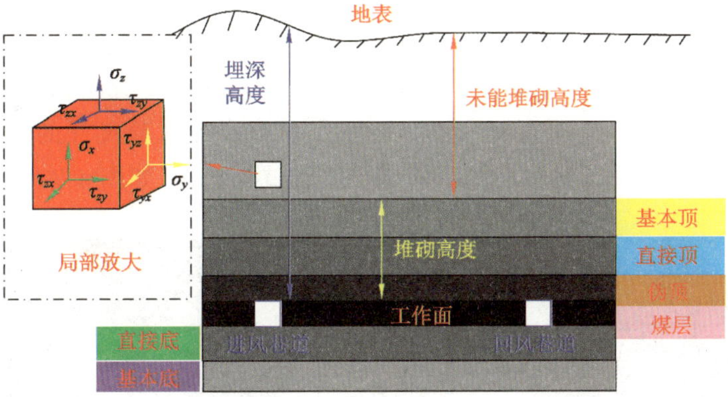

图 4-6　煤岩层自重应力场

根据 15106 工作面工程地质条件可知，工作面埋深为 490.5 m。结合图 4-7 综合柱状图可以知道，上部需要补偿岩层厚度为 458 m。根据几何相似常数可知，需要在试验模型上端模拟加载 11.45 m 厚度岩层的垂直应力。由于未堆砌煤层岩性相当复杂，因此分层容重取岩层的平均容重，则模型需要加载的补偿垂直应力载荷为：

$$\sigma_{z补偿}=\gamma_p\times H_b=20.61\ (\mathrm{t/m^3})$$

式中　$\sigma_{z补偿}$——补偿垂直应力载荷；

γ_p——岩层平均容重，取 1.8 $\mathrm{t/m^3}$；

H_b——未堆砌岩层模拟高度，取 11.45 m。

试验中不仅需要对上覆未能堆砌岩层垂直应力场进行补偿加载，还需要对围岩水平应力场进行模拟加载。根据广义胡可定律，水平应力场与垂直应力场的载荷对应关系如式(4-7)所示。

$$\begin{cases}\varepsilon_x=\dfrac{1}{E}\left[\sigma_x-\mu(\sigma_y+\sigma_z)\right]=0\\[2ex]\varepsilon_y=\dfrac{1}{E}\left[\sigma_y-\mu(\sigma_x+\sigma_z)\right]=0\end{cases} \tag{4-7}$$

进而可以获得

$$\sigma_x = \sigma_y = \frac{\mu}{1-\mu}\sigma_{z补偿} = \chi\sigma_{z补偿} \tag{4-8}$$

式中 χ——煤岩层侧压系数。

根据煤矿地质条件可知，煤岩体泊松比平均值为 0.3，则侧压系数为 0.43，进而模型中所需要补偿水平应力为 8.86 t/m³。

4.2.2 试样物理力学参数测定

相似模拟试验依据相似常数进行模拟试样与实际煤岩体间的尺寸和强度参数等基本参数的缩放。因此模拟试验是否能够真实反映实际煤岩体的物理力学性质，需要对试验中模拟使用模型试样的物理力学参数性质进行测试。所测试的物理学参数主要包括试样的天然视密度以及试样的单轴抗压强度、抗拉强度、抗剪强度、弹性模量、泊松比等力学参数。

按照上述配比方法和骨料、胶结材料的使用量，浇筑模拟试验模型，遵照《煤和岩石物理力学性质测定方法》(GB/T 23561—2009)和《工程岩体试验方法标准》(GB/T 50264—2013)的规定，在所浇筑模拟试验模型岩芯位置处截取标准试验尺寸的试验试样。采用电液伺服万能试验机对按照试验标准加工的试样进行试验测试，如图 4-7 所示。

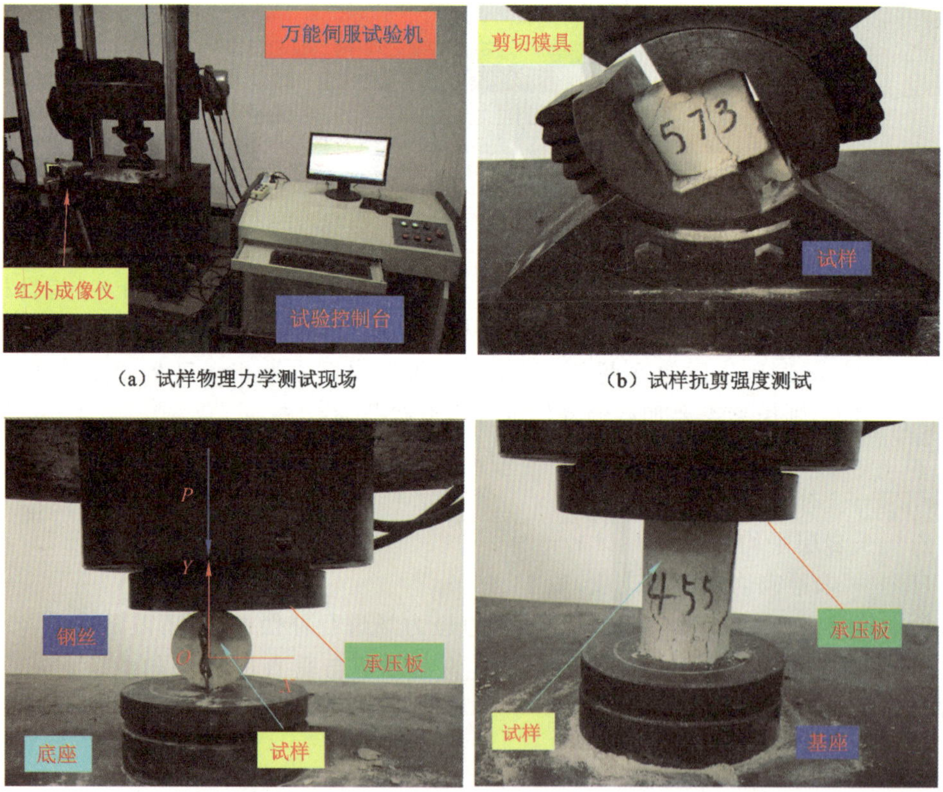

(a) 试样物理力学测试现场　(b) 试样抗剪强度测试　(c) 试样抗拉强度测试　(d) 试样抗压强度测试

图 4-7　试样物理力学参数测试

采用室内试验研究方法，对模拟 15106 工作面煤岩层相似模拟试样物理力学参数进行测试。按照强度相似常数和容重相似常数以及几何相似常数，对试验结果进行换算得到模拟试样所对应的煤岩体的物理力学参数，如表 4-2 所示。

表 4-2　按相似常数换算实际煤岩体物理力学参数

物理、力学参数	老顶	直接顶	煤样	直接底	老底
天然视密度/($g\cdot cm^{-3}$)	2.62	2.95	1.4	2.62	2.55
抗压强度/MPa	34.2	93.8	15.76	34.2	48.4
抗拉强度/MPa	2.83	2.97	0.68	4.61	6.23
弹性模量/GPa	35.63	31.23	3.62	36.84	33.65
泊松比	0.36	0.3	0.21	0.20	0.22

通过换算得到各部位煤岩体的物理力学参数和煤矿技术部门所提供的井下实际各分层的物理力学参数对比可以知道，所浇筑的模拟试验模型能够真实反映井下实际情况，这说明所确定的相似模拟试验模型所浇筑使用的材料和配比具有合理性。

4.2.3　试验数据采集点布置

按照 15106 工作面煤层分布情况浇筑 2 000 mm×1 000 mm×1 000 mm 相似材料模型。由于试验台尺寸的局限性以及 15106 工作面巷道的实际布置，取工作面 12 m(模型 300 mm)长度为研究对象，在模型中开挖 15106 工作面回风巷道和 15108 工作面进风巷道，如图 4-8 所示。其中，15106 工作面回风巷道用于超前液压支架群组锚固联合支护顶板位移和应力试验测试。15108 工作面进风巷道用于锚固支护顶板位移试验测试。由于试验台的尺寸条件以及试验中需要保留边界条件等因素，沿顶板位置开挖 15106 工作面回风巷道，15106 工作面回风巷道中总计布置 4 组超前液压支架组，共可支护 570 mm(实际 22.8 m)距离。在每组超前液压支架顶梁中间位置垂直向上距离 27.4 mm(实际 1.1 m)、298.5 mm(实际 11.94 m)、483.3 mm(实际 19.33 m)位置处由下向上分别布置 3 层压力盒传感器。在 1 号支架尾端距离 72 mm(实际 2.88 m)处和 4 号支架前端距离 72 mm(实际 2.88 m)处分别由下向上分别布置 3 层压力盒传感器，共计布置 18 个压力盒传感器。压力盒传感器布置如图 4-8(b)所示。

如图 4-8(b)所示，在 15106 工作面回风巷道、15108 进风巷道中按照相似比例进行锚杆、锚索以及超前液压支架组的铺设。试验时顶部使用 4 根液压缸进行重力场垂直加载，四周围岩使用 32 根液压缸(每组 2 根液压油缸同步)对围岩进行水平加载，实现模型三维试验模拟。

模拟巷道在相似模拟模型中的布置如图 4-9 所示。试验共布置 2 条试验巷道。其中，一条用于模拟回风巷道(超前液压支架群组锚固联合支护巷道围岩力学特性测试)，一条用于模拟进风巷道(用于模拟锚固支护巷道围岩力学特性测试)。为保证试验的准确性，在工作面前端留有 100 mm(实际 4 m)的煤柱模拟边界条件。

模拟回风巷道和进风巷道分别开挖 1 140 mm(实际 45.6 m)。两条模拟试验巷道中间存在 300 mm(实际 12 m)的煤柱。每条巷道端面尺寸(长×宽)为 125mm×100 mm(实际 5 m×4 m)。每条巷道两帮共布置锚杆 160 根，顶板共布置锚索 104 根、锚杆 52 根。

模拟回风巷道顶板应变计传感器和位移传感器的架设如图 4-10 和图 4-11 所示。沿试

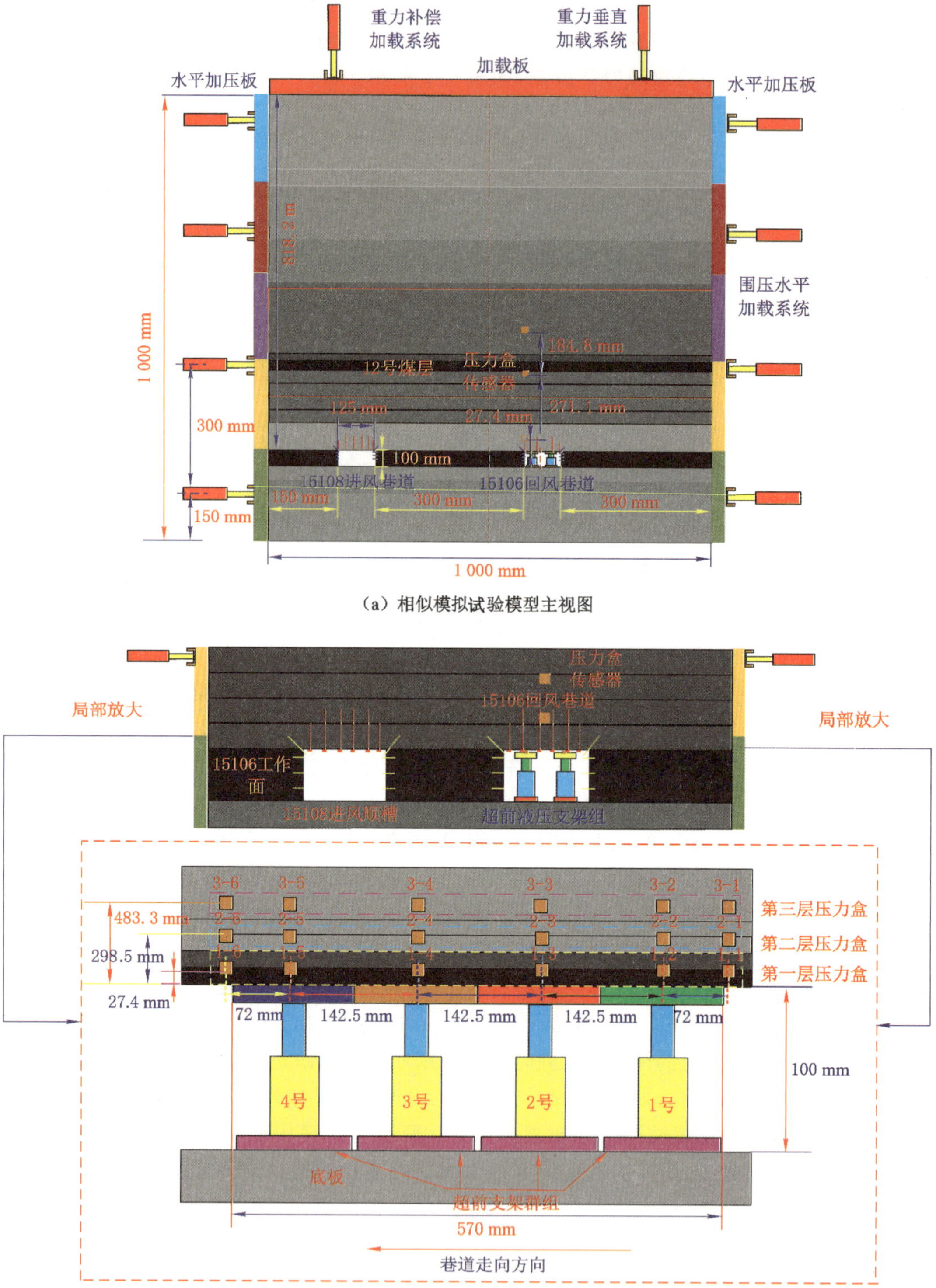

(a) 相似模拟试验模型主视图

(b) 模拟工作面局部放大图

图 4-8 相似试验模型设计及巷道布置

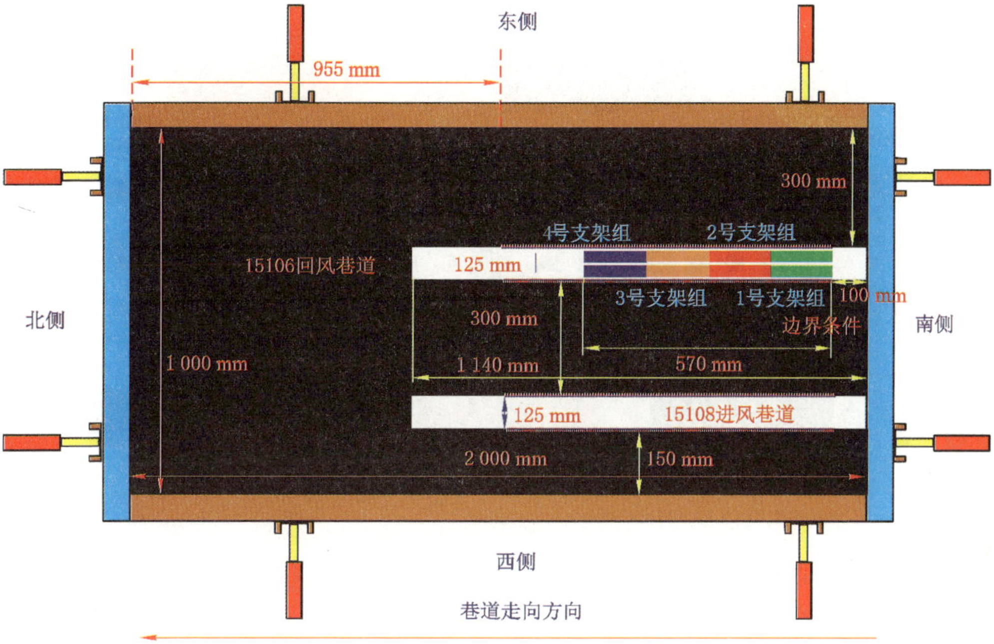

图 4-9　模拟试验巷道布置

验巷道的走向方向，1 号超前液压支架组尾端 10 mm（实际 0.4 m）处安设一排 4 片应变计传感器，在 1 号和 2 号、2 号和 3 号、3 号和 4 号液压支架组连接处分别粘贴一排 4 片应变计，4 号超前液压支架组前端 10 mm（实际 0.4 m）处安设一排 4 片应变计传感器，且在每组超前液压支架组顶梁中间位置处安设一排 4 片应变计传感器，总计安设 9 排 36 片应变计传感器。同时，在 1 号超前液压支架组尾端分别安设一排 4 个位移传感器（从上向下分别编号 1～4），共布置 5 排 20 个位移传感器用于测量试验过程中巷道顶板的位移变化量。超前液压支架组安装避锚结构不需要考虑锚杆、锚索与超前液压支架组间的相互干涉。

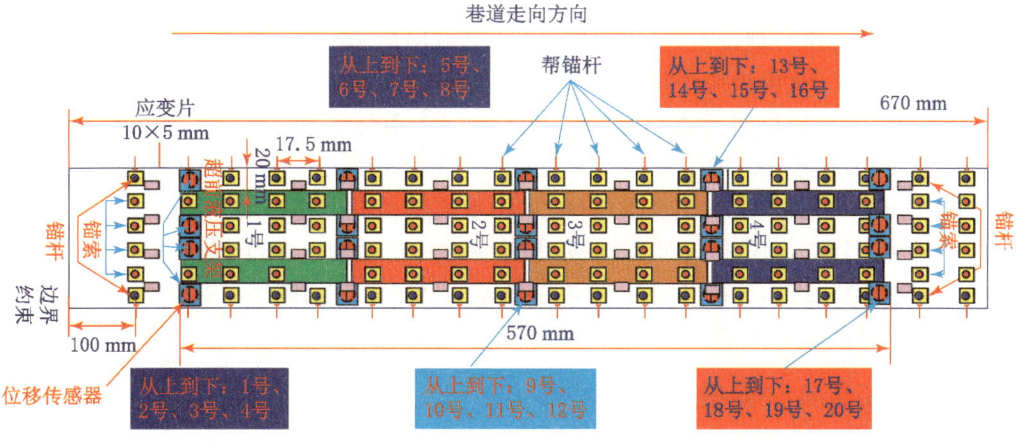

图 4-10　模拟回风巷道应变计传感器和位移传感器安装局部放大图

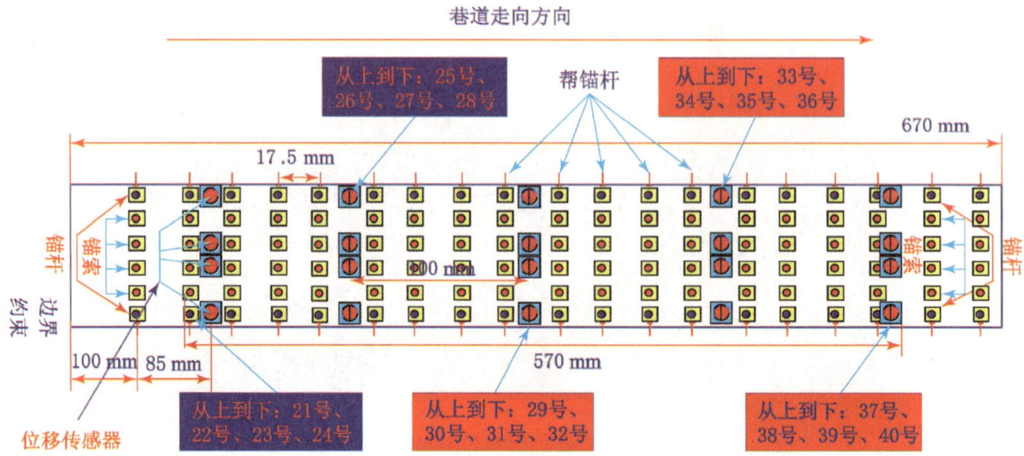

图 4-11　模拟锚固试验巷道位移传感器布置示意图

模拟进风巷道用于锚固支护巷道顶板位移变化测试。巷道中共布置 20 个位移传感器。位移传感器位置如图 4-11 所示。距边界 85 mm(实际 3.4 m)位置处布置第一排位移传感器，每排位移传感器相距 100 mm(实际 4 m)，其中位移传感器底座紧靠巷道边界。

试验中总计安装 36 片应变计传感器、18 个压力盒传感器、40 个位移传感器。试验中对每个传感器进行编号，便于后续测试数据采集及处理。

4.3　试验模型铺设及数据采集系统架设

4.3.1　试验模型铺设

相似模拟试验方案及试验参数确定完成后，按照确定完成的配比方案以及骨料和胶结材料、水的使用量进行试验模型的浇筑，如图 4-12(a)所示。浇筑过程中按照已确定的压力盒传感器安装位置进行埋设及导线连接，如图 4-12(b)所示。

根据试验条件，试验采用干燥模型。各分层间加入适量 45 目云母粉模拟自然层理，并使用 10 目云母粉模拟层间裂隙、节理等。根据表 4-1 中每个岩层中模拟分层数及分层厚度进行分层浇筑，并按照表 4-1 中骨料以及胶结材料的用量混合搅拌均匀，将混合材料铺设到试验台槽体内并且铺平，击实至要求厚度，从加水到压实不得超过 15～20 min。

模型自然干燥 5 d 后，拆卸四周挡板，并进一步干燥处理。在干燥过程中，每间隔 12 h 进行适量浇水养护处理，以防止由于气温变化等外界因素造成模型开裂等现象。养护 10 d 后即可以进行试验测试工作。相似材料浇筑完模型如图 4-13 所示。

4.3.2　数据采集系统架设

模拟试验数据测试采集系统主要包括模拟试验巷道顶板深部应力测试采集系统、试验巷道顶板应力测试采集系统、试验巷道顶板位移量测试采集系统，如图 4-14 所示。试验巷

(a) 相似材料试验模型浇筑现场

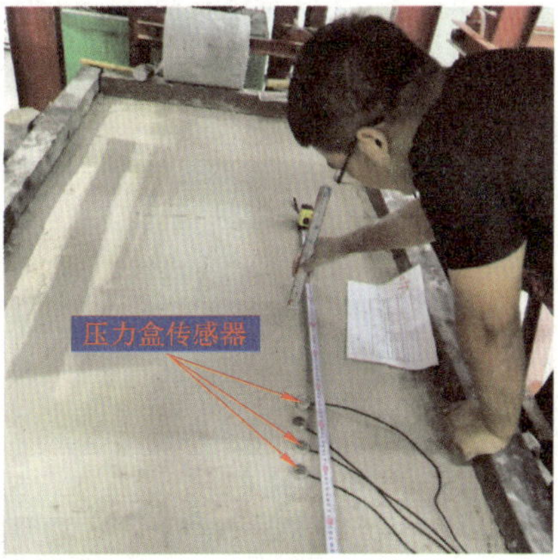

(b) 压力盒传感器布置

图 4-12　相似模拟试验模型浇筑及压力盒传感器布置

图 4-13　相似材料试验模型

道顶板深部应力测试采集系统使用北京泰瑞金星仪器有限公司生产的 YJZA-32 型智能数字应变仪配合笔记本电脑进行应力信号采集，如图 4-14(a)所示；试验巷道顶板应力测试采集系统使用江苏泰斯特电子有限公司生产的 TST3822 静态应变仪和江苏东华测试技术股份有限公司生产的 DH5922D 动态信号测试分析系统进行围岩应力数据采集，如图 4-14(b)所示；试验巷道顶板位移测试采集系统采用 ADAM-4117-AE(坚固性 8 路分差 A/D 输入模块)配合编写采集程序进行位移信号采集，如图 4-14(c)所示。各测试信号采集系统能够满足实时在线测试，保证测试数据传输的准确性和稳定性。

试验巷道顶板位移量测量采用深圳市米朗科技有限公司生产的微型圆管自复位式 KSP-25 型、弹簧自复位回弹式 KTR2-25 型位移传感器进行测量；试验巷道顶板深部压力测量采用北京泽佰斯特科技有限公司生产的 YLH-1000 型应变式微型土压力盒进行测量；试验巷道顶板应力测量采用浙江台州市黄岩巨星电测元件厂生产的 BX120-10AA(10×5)型号的箔式缩醛类应变计传感器进行测量。试验中所使用传感器如图 4-15 所示。

应变计传感器工作原理如图 4-16 所示。R_1 为工作应变计，R_2 为补偿应变计，R_3、R_4 为应变计高精密电阻。若在桥路中施加输入电压 U_{AC}，则输出电压 U_{BD} 为：

（a）深部应力测试采集系

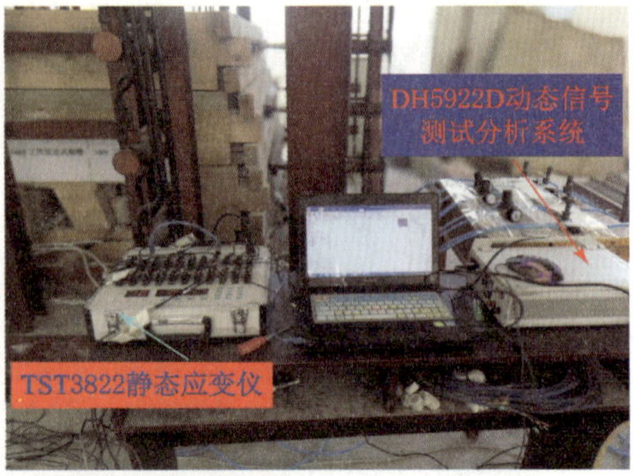

（b）应力测试采集系统

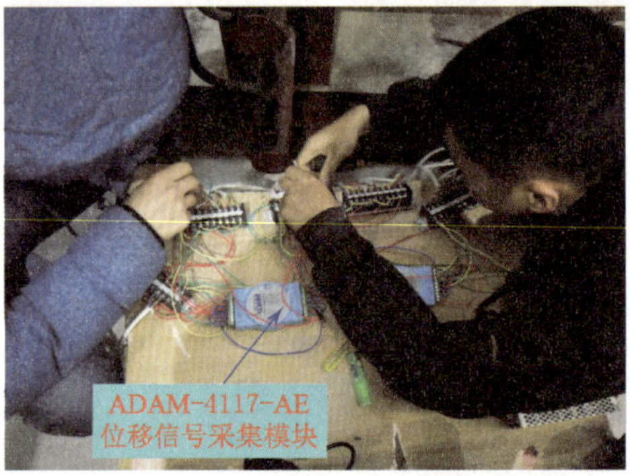

（c）位移测试采集系统

图 4-14　试验数据测试采集系统

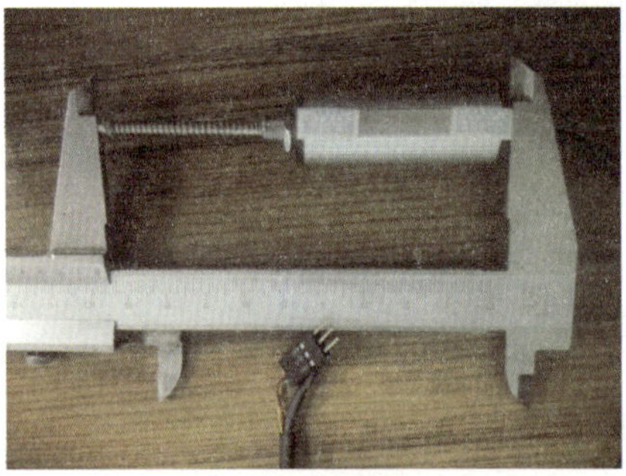

（a）位移传感器

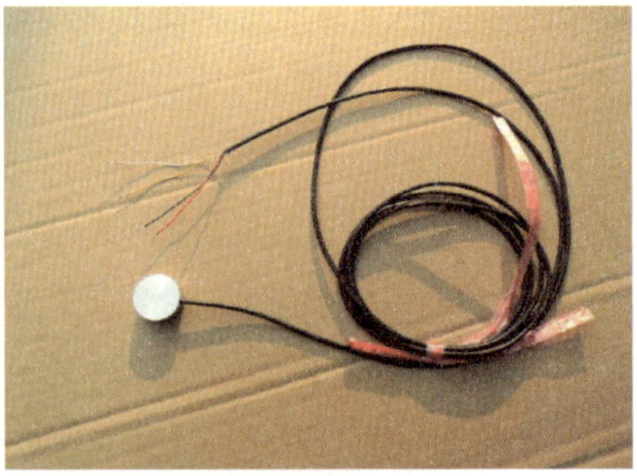

（b）压力盒传感器

（c）应变计传感器

图 4-15　试验使用传感器

$$U_{BD}=\frac{U_{AC}}{4}\left(\frac{\Delta R_1}{R_1}+\frac{\Delta R_2}{R_2}\right)=\frac{U_{AC}}{2}k_\alpha \varepsilon_\alpha \tag{4-9}$$

式中　k_α——应变计的灵敏度；

ε_α——应变计测试产生应变。

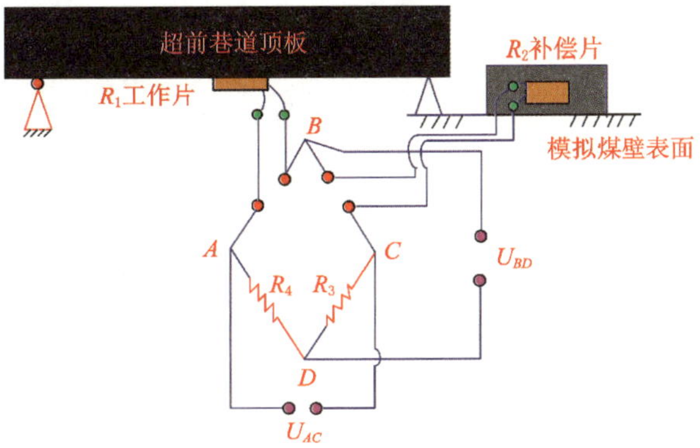

图 4-16　半桥电路应变计传感器工作原理

在试验巷道顶板表面布置相应的电阻式应变计传感器，如图 4-17 所示。将传感器通过导线连接到 24 通道静态应变仪和 24 通道动态应变仪中，通过电脑进行数据实时采集。电阻式应变计传感器主要技术参数如表 4-3 所示。

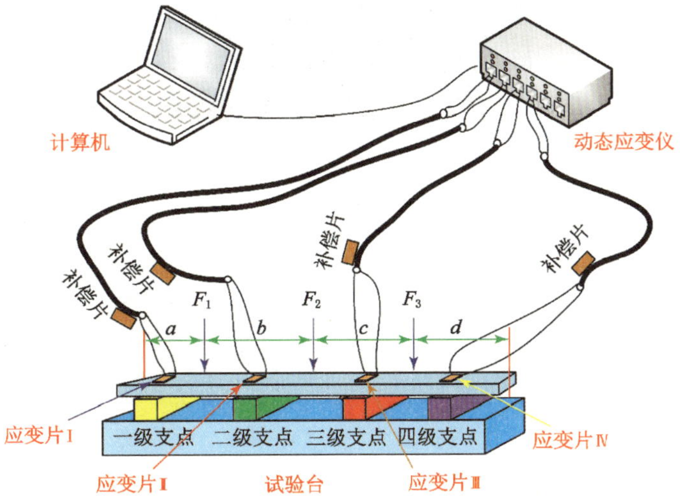

图 4-17　电阻式应变计传感器校核示意图

表 4-3　电阻式应变计传感器主要技术参数

精度	安全过载	温度范围	零点温漂	灵敏度温漂	单片电阻值/Ω	灵敏系数	电源电压
0.02%Fs	150%Fs	−30～70 ℃	<0.05%Fs/10 ℃	<0.03%Fs/10 ℃	120±0.2	2.08±1%	DC12～30 V

为了保证试验测试数据的准确性，在进行应变计传感器安装前对应变计传感器进行校核是十分必要的。

如图 4-17 所示，在试验台上布置四片相同的电阻式应变计传感器。每片应变计都连接一片补偿片，通过导线连接到动态应变仪上，动态应变仪连接到计算机上。在每两组应变计中间同时加载相同的载荷(0～50 kN)，取每次加载时四片应变片采集应变平均值，获得电阻式应变计校核数据，如表 4-4 所示。

表 4-4　应变计传感器校核数据

加载值/kN	0	10	20	30	40	50
输出电压/(MV/V)	0.000 2	0.364 8	0.723 1	1.076 2	1.348 1	1.712 5

根据表 4-4 中应变计传感器校核数值，采用 MALTAB 软件中 cftool 工具对校核数据进行 4 次拟合，如式(4-10)所示。

$$F_{应变片}=0.044\ 05x^4+0.016\ 13x^3-0.107\ 1x^2+0.610\ 9x+0.907\ 1 \qquad (4\text{-}10)$$

完成对相似模拟试验模型和测试采集系统的搭建后，按照尺寸相似比设计了 ZQL2×4000/23/50 型超前液压支架组的相似模拟支架，如图 4-18 所示。

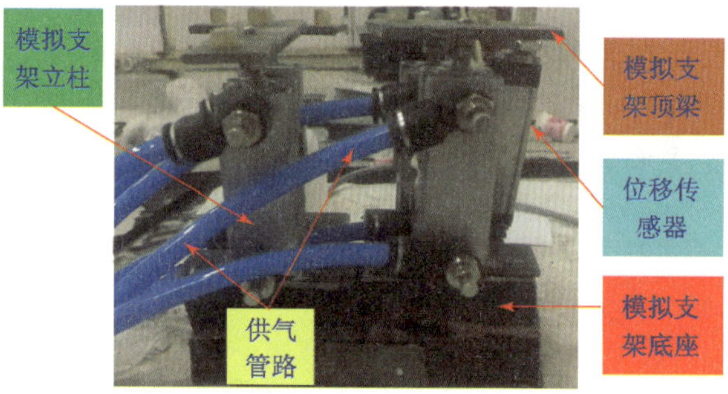

图 4-18　模拟超前液压支架组

ZQL2×4000/23/50 型超前液压支架组的主要技术参数如表 4-5 所示。

表 4-5　ZQL2×4000/23/50 型超前液压支架组主要技术参数

架型	四连杆支撑掩护式
支架高度	2.3～5 m
支护宽度	4.18 m
初撑力	(P=31.5 MPa)2×3 092 kN
工作阻力	(P=40.76 MPa)2×4 000 kN
支护强度(单架)	1.17 MPa
泵站压力	31.5 MPa
操作方式	手动操作

由工作面的条件以及《煤矿安全规程》相关规定可知，超前巷道支护范围不少于 20 m。因此在超前巷道一般布置 4 组超前液压支架组。每组超前液压支架由左右对称两排支架组

成。使用江苏无锡致鼎自动化设备有限公司生产的气动小型薄型气缸模拟超前液压支架组，如图 4-19 所示。气缸主要技术参数如表 4-6 所示。

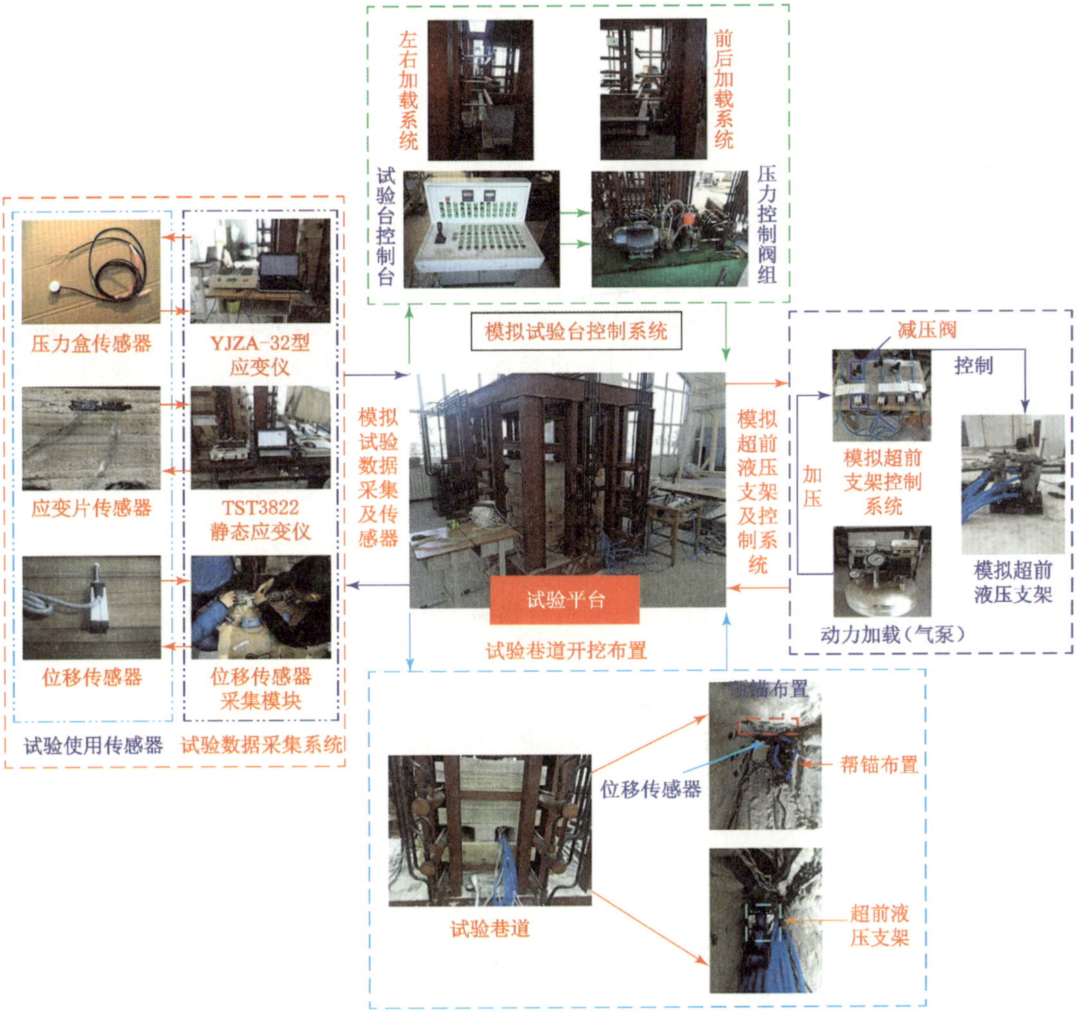

图 4-19　综采工作面回采巷道联合支护力学特性相似模拟试验整体布置

表 4-6　气缸主要技术参数

参数	参数值
气缸有效支护高度	57.5～125 mm
支护长度	142.5 mm
工作温度	－20～80 ℃
使用速度范围	30～500 mm/s
行程公差范围	＋1.0
工作介质	空气（经 40 μm 以上滤网过滤）
操作方式	气动操作

因此，在满足相似模拟试验的要求以及超前液压支架组实际工作要求，使用 TYW-1 型最大可供压力 1.5 MPa 的气压泵 2 台进行持续供压。使用 PU 气管将换向阀、减压阀、气缸等元件分别进行连接，构成模拟超前液压支架组操作及控制系统。

在 2 号、3 号、4 号模拟超前液压支架组系统中，换向阀输出端接入减压阀进行模拟超前液压支架组非等强支护的控制操作。

整个试验平台后如图 4-19 所示。

4.4 试验测试结果分析

试验中按照前述中确定的补偿围岩压力使用油缸进行加载。试验中锚固支护、超前液压支架群组锚固非等强联合支护同时进行试验测试。使用数据采集系统对试验测试结果进行采集，每秒钟采集一次数据。超前液压支架群组锚固非等强联合支护巷道试验结束后，调整超前液压支架群组每组支架支护强度进行超前液压支架群组锚固等强联合支护巷道试验。

4.4.1 锚固支护回采巷道试验结果分析

试验中使用模拟 15108 工作面进风巷道对锚固支护下巷道顶板位移变化进行监测，进风巷道前端留有 100 mm 的边界条件。试验使用长度 570 mm(实际 22.8 m)范围的巷道进行顶板位移变化监测，其监测结果如图 4-20 所示。

由图 4-20 可以看出，随着时间的推移，巷道顶板位移量整体增加(即巷道顶板下沉量随着时间的增加不断增加)；不同支护时刻，巷道顶板位移均沿着巷道走向方向呈先增加后逐渐减小的梯度分布，沿巷道宽度方向呈“非均匀对称分布”，且最大位移均发生在顶板中线附近。随着时间的推移，巷道走向方向前端位移稳定范围加大。支护 2.5 min 时，巷道顶板最大位移量达到 1.45 mm(实际 58 mm)，距工作面端 16.8 m 位置以后顶板位移变化平稳；支护 5 min 时，巷道顶板最大位移量达到 1.58 mm(实际 63.2 mm)，距工作面端 12.6 m 位置以后顶板位移变化平稳；支护 7.5 min 时，巷道顶板最大位移量达到 1.84 mm(实际 73.6 mm)，距工作面端 13.4 m 位置以后顶板位移变化平稳；支护 10 min 时，巷道顶板最大位移量达到 2.41 mm(实际 96.4 mm)，距工作面端 12.4 m 位置以后顶板位移变化平稳。

此外，由锚固支护不同时刻顶板位移量可以看出，沿巷道走向方向，顶板位移梯度变化剧烈。在支护 2.5 min 时刻，位移最大值和最小值梯度差在 0.9 mm(实际 36 mm)；支护 5 min 时刻，位移最大值和最小值梯度差在 0.68 mm(实际 27.2 mm)；支护 7.5 min 时刻，位移最大值和最小值梯度差在 0.79 mm(实际 31.6 mm)；支护 10 min 时刻，位移最大值和最小值梯度差在 1.11 mm(实际 44.4 mm)。随着支护时间的增加，顶板位移梯度变化愈加剧烈，说明单纯的锚固支护回采巷道会造成顶板的破断现象。

4.4.2 超前液压支架群组锚固非等强联合支护试验结果分析

经理论分析可以知道，超前液压支架群组锚固非等强联合支护较等强联合支护对巷道顶板的破坏较轻微。考虑试验台的局限性，使用回风巷道首先进行超前液压支架群组锚固

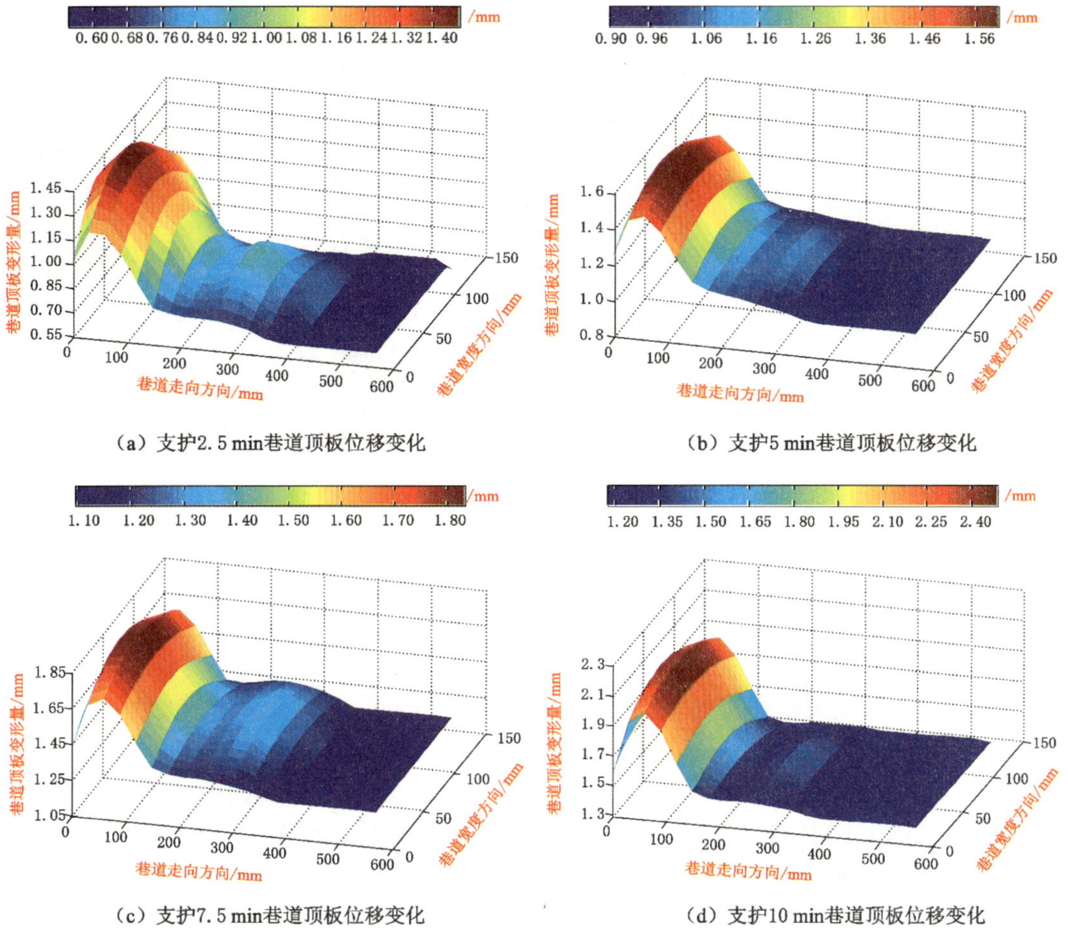

(a) 支护2.5 min巷道顶板位移变化　(b) 支护5 min巷道顶板位移变化

(c) 支护7.5 min巷道顶板位移变化　(d) 支护10 min巷道顶板位移变化

图 4-20　锚固支护不同时刻巷道顶板位移变化

非等强联合支护试验。按照强度相似常数确定试验中非等强联合支护方案 1 和“二次傅立叶”非等强联合支护方案中各组超前液压支架支护强度，同时定义沿巷道走向方向支架群组分别为 1 号、2 号、3 号、4 号。由分析可以知道，“二次傅立叶”非等强联合支护方式对巷道顶板的破坏较其他方案的微弱，因此首先进行“二次傅立叶”非等强联合支护试验而后进行非等强联合支护方案 1 支护试验。

(1) 模拟回采巷道顶板应力测量结果分析

“二次傅立叶”非等强联合支护巷道顶板模拟试验支护 10 min 时间内顶板的应力变化分布如图 4-21 所示。通过观察不同时刻巷道顶板应力变化情况可以看出，随着时间推移，巷道顶板应力值整体不断增加，且沿着巷道走向方向呈逐渐减小的梯度分布，沿巷道宽度方向呈“非均匀对称”分布。通过观测可以知道，在两架相邻超前液压支架组连接位置处由于无锚杆、锚索和支架顶梁的支护作用，顶板应力产生集中现象(即顶板应力集中在此卸荷，容易造成此处顶板发生破碎)。

“二次傅立叶”非等强联合支护巷道顶板 2.5 min 时，沿巷道走向方向，巷道顶板应力最

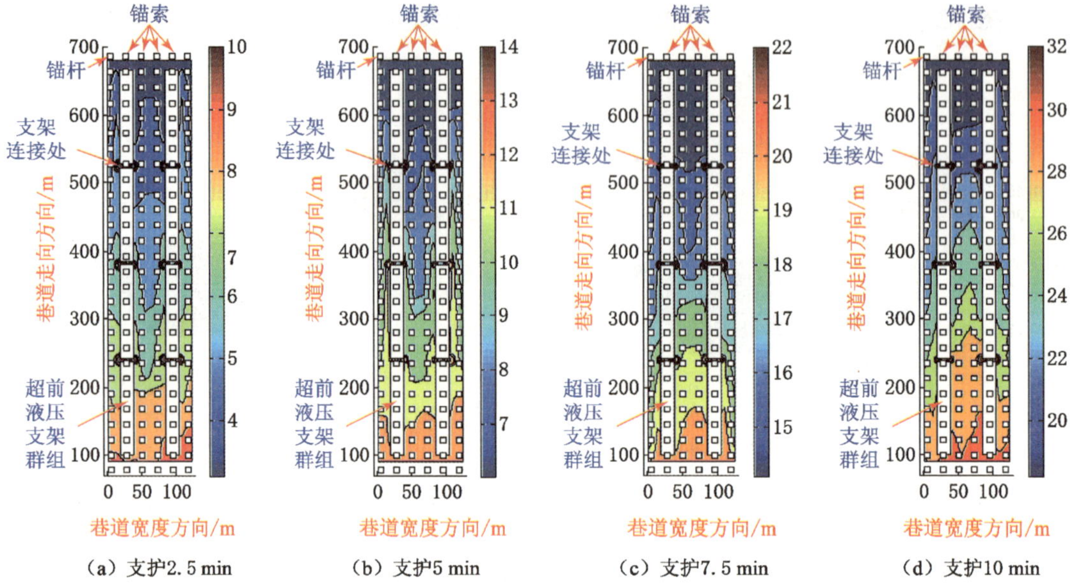

图 4-21 “二次傅立叶”非等强联合支护下不同时刻巷道顶板应力分布

大值发生在两相邻支架组连接处，最大值达 9.8 kPa(实际 0.63 MPa)。除此之外，沿巷道走向方向顶板应力最大值 7.8 kPa(实际 0.499 MPa)发生在工作面端头处，顶板应力最小值 3.52 kPa(实际 0.225 MPa)，发生在巷道最前端。1 号支架组支护巷道顶板范围内中线位置应力梯度变化了 1.1 kPa(实际 0.07 MPa)，2 号支架组支护范围内中线位置应力梯度变化了 0.032 kPa(实际0.000 2 MPa)，3 号支架组支护范围内中线位置应力梯度变化了 0.6 kPa(实际 0.038 MPa)，4 号支架组支护范围内中线位置应力梯度变化了 0.68 kPa(实际 0.044 MPa)，总体顶板应力梯度变化了 4.52 kPa(实际 0.29 MPa)。据此可知，各支架组支护范围内顶板应力梯度变化相对较小。

支护 5 min 时，巷道顶板应力分布如图 4-21(b)所示。沿巷道走向方向，巷道顶板应力最大的发生在两相邻支架连接处，最大值达 13.2 kPa(0.85 MPa)。1 号支架组支护范围内顶板中线位置应力梯度变化了 0.6 kPa(0.038 MPa)；2 号支架组支护范围内梯度变化了两次，每次都为 0.9 kPa(实际 0.058 MPa)；3 号支架组支护范围内梯度变化了 0.7 kPa(实际 0.045 MPa)；4 号支架组支护范围内梯度变化了 0.5 kPa(实际 0.032 MPa)；沿巷道走向方向总体顶板应力梯度变化了 5 kPa(实际 0.32 MPa)。

图 4-21(c)为支护 7.5 min 时巷道顶板应力分布情况。由图 4-21(c)可知，沿巷道走向方向，巷道顶板应力最大值仍发生在两组相邻支架组连接位置处，最大值达 21.1 kPa(实际 1.35 MPa)。1 号超前液压支架组支护范围内顶板应力梯度变化了 0.5 kPa(实际 0.032 MPa)，2 号超前液压支架组支护范围内应力梯度变化了 0.6 kPa(实际 0.038 MPa)，3 号超前液压支架组支护范围内应力梯度变化了 0.9 kPa(实际 0.058 MPa)，4 号超前液压支架组支护范围内应力梯度变化了 0.4 kPa(实际 0.026 MPa)；沿巷道走向方向总体顶板应力梯度变化了 5.1 kPa(实际 0.326 MPa)。

当支护 10 min 时，沿巷道走向方向，顶板应力最大值出现在相邻两组支架组连接处，最大值为 31.1 kPa(实际 1.99 MPa),1 号超前液压支架组应力梯度变化了 1.5 kPa(实际 0.096 MPa),2 号超前液压支架组应力梯度变化了 1.9 kPa(实际 0.12 MPa),3 号超前液压支架组应力梯度变化 1.3 kPa(0.083 MPa),4 号超前液压支架组应力梯度变化 0.6 kPa(0.038 MPa),顶板应力梯度总体变化了 9 kPa(实际 0.58 MPa)。

超前液压支架群组锚固“二次傅立叶”非等强支护巷道顶板稳定时,沿巷道走向方向,总体顶板应力梯度变化了 9 kPa,按照强度相似常数换算为 0.58 MPa。

超前液压支架群组锚固非等强联合支护方案 1 在支护模拟回采巷道顶板 10 min 时间内顶板应力分布情况如图 4-22 所示。由图 4-22 可以看出,在支护方案 1 支护 10 min 内,随着时间的推移,巷道顶板应力整体逐渐增加,沿巷道走向方向均呈逐渐减小分布,沿巷道宽度方向以顶板中线为中心轴呈“非均匀对称”分布,在两组相连支架组连接处出现应力集中现象。

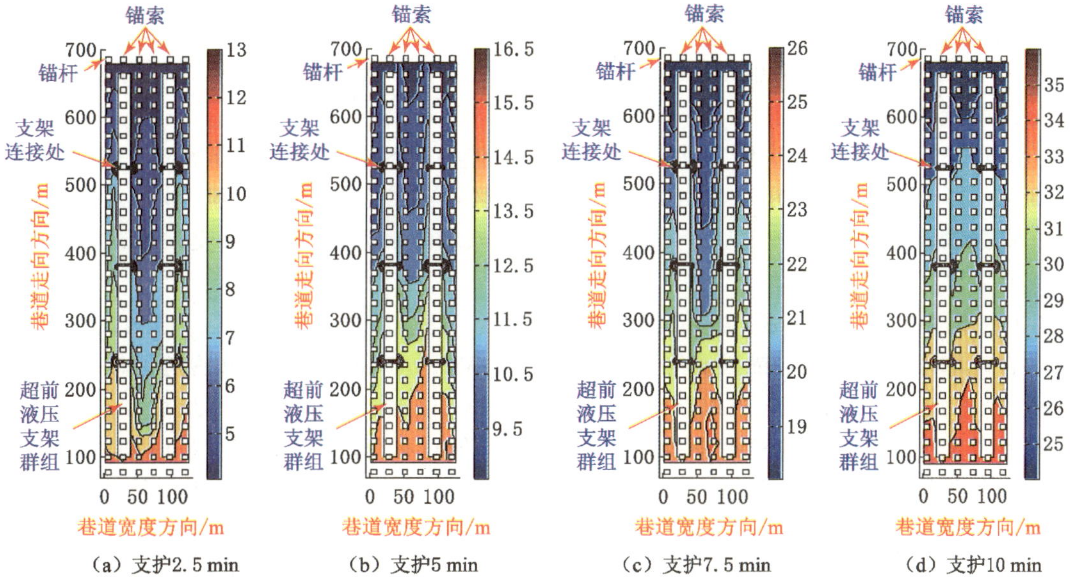

图 4-22　非等强联合支护方案 1 支护下不同时刻巷道顶板应力分布

非等强联合支护方案 1 支护巷道顶板 2.5 min 后顶板应力分布如图 4-22(a)所示。由图 4-22(a)可以看出,沿巷道走向方向,顶板应力最大值出现在两组相邻支架组连接处,最大值达 12.8 kPa(0.82 MPa)。1 号支架组支护范围内顶板应力梯度共发生了 4 次变化,分别变化了 0.8 kPa(实际 0.051 MPa)、0.9 kPa(实际 0.058 MPa)、1.2 kPa(实际 0.077 MPa)、0.8 kPa(实际 0.051 MPa)。2 号支架组支护范围内顶板应力梯度变化了 0.6 kPa(实际 0.038 MPa)。3 号支架组支护范围内顶板应力梯度变化了 0.9 kPa(实际 0.058 MPa)。4 号支架组支护范围内顶板应力梯度变化了 0.8 kPa(实际 0.051 MPa)。沿巷道走向方向,巷道顶板应力梯度共变化了 6.4 kPa(实际 0.41 MPa)。

图 4-22(b)所示为支护 5 min 时巷道顶板应力分布情况。由图 4-22(b)可以看出,此时两组相邻支架组连接处应力仍为最大值,最大值为 16.5 kPa(实际 1.056 MPa)。1 号支架组支护范围内巷道顶板应力梯度变化了 0.9 kPa(实际 0.058 MPa)。2 号支架组支护范围内巷

道顶板应力梯度共发生了3次变化分别为0.8 kPa(实际0.051 MPa)、1.1 kPa(实际0.07 MPa)、0.8 kPa(实际0.051 MPa)。3号支架组支护范围内顶板应力梯度变化了0.9 kPa(实际0.058 MPa)。4号支架组支护范围内应力梯度变化了0.5 kPa(实际0.032 MPa)。沿巷道走向方向，顶板应力梯度总体变化了5.6 kPa(实际0.358 MPa)。

支护7.5 min时巷道顶板应力分布如图4-22(c)所示。此时1号支架组支护范围内顶板应力梯度变化了0.9 kPa(实际0.058 MPa)。2号支架组支护范围内顶板应力梯度发生了3次变化，分别为0.7 kPa(实际0.045 MPa)、0.9 kPa(实际0.058 MPa)、0.6 kPa(实际0.038 MPa)。3号支架组支护顶板应力梯度变化了0.9 kPa(实际0.058 MPa)。4号支架组支护范围内顶板应力梯度变化了1 kPa(实际0.064 MPa)。沿巷道走向方向，顶板应力梯度总体变化了5.3 kPa(实际0.34 MPa)。

如图4-22(d)所示，当支护10 min时，1号支架组支护范围内巷道顶板应力梯度变化了2.4 kPa(实际0.15 MPa)；2号支架组支护应力梯度变化了0.9 kPa(实际0.058 MPa)；3号支架组支护范围应力梯度变化了1.7 kPa(实际0.11 MPa)；4号支架组支护应力梯度变化了2次，分别为1.9 kPa(实际0.12 MPa)、1.8 kPa(实际0.115 MPa)。沿巷道走向方向，顶板支护范围内应力梯度总体变化了10 kPa(实际0.64 MPa)。

通过稳定状态下“二次傅立叶”非等强联合支护和非等强联合支护方案1对顶板应力梯度变化的影响可以看出，在“二次傅立叶”非等强联合支护巷道顶板过程中，应力梯度变化较非等强联合支护方案1较为平缓，这证明了“二次傅立叶”非等强联合支护方式对巷道顶板的有效维护方法可行性。

(2) 模拟回风巷道顶板位移测量结果分析

在超前液压支架群组锚固非等强联合支护方案1支护下，模拟回风巷道顶板位移变化如图4-23所示。由图4-23可以看出，沿巷道走向方向，顶板位移呈先增加后减小的变化，且沿巷道宽度方向顶板位移沿中线位置处呈“非均匀对称”分布。随着支护时间的增加，巷道顶板位移量整体增大；距工作面端头大约400 mm(实际16 m)以后，顶板位移变化基本十分微小。

图4-23(a)所示为支护2.5 min时巷道顶板位移变化情况。沿巷道走向方向，顶板最大位移发生在距工作面端头37 mm(实际1.48 m)位置处，最大位移量为0.55 mm(实际22 mm)，且此时巷道位移变化最大梯度为8 mm。

当支护5 min时巷道顶板位移变化如图4-23(b)所示。沿巷道走向方向，顶板位移最大值发生在距工作面端头34 mm(实际1.36 m)位置处，最大位移量为28 mm，位移变化最大梯度为10 mm。

如图4-23(c)所示，沿巷道走向方向，顶板最大位移发生在距工作面端头32 mm(实际1.28 mm)位置处，最大位移量为44 mm，位移变化最大梯度为20 mm。

如图4-23(d)所示，当支护10 min时，顶板位移变化基本趋于平稳，此时位移最大值发生在距工作面端头31 mm(实际1.24 m)位置处，最大位移量为58 mm，且位移变化最大梯度为16 mm。

在“二次傅立叶”非等强联合支护下，巷道顶板位移随支护时间变化情况如图4-24所示。由图4-24可以看出，随着时间的推移，巷道顶板位移量逐渐增加，且沿着巷道走向方向，巷道顶板位移变化呈先增加后减小梯度变化；沿巷道宽度方向以顶板中线位置呈“非均

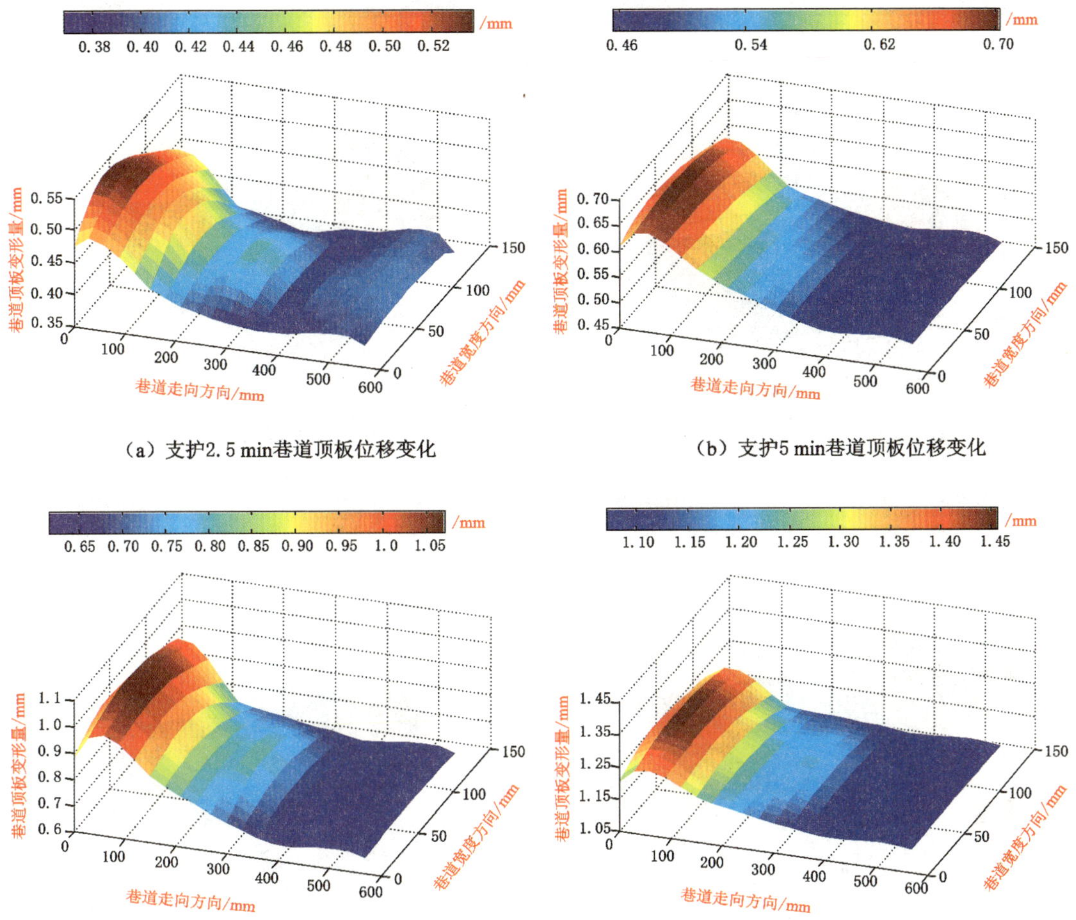

（a）支护2.5 min巷道顶板位移变化　（b）支护5 min巷道顶板位移变化

（c）支护7.5 min巷道顶板位移变化　（d）支护10 min巷道顶板位移变化

图 4-23　非等强联合支护方案 1 支护下不同时刻巷道顶板位移变化

匀对称”分布，最大位移均发生在巷道顶板中线位置，且距工作面端头 340 mm(实际 13.6 m)位置处以后，顶板位移梯度变化较为平缓。

图 4-24(a)所示为支护 2.5 min 时巷道顶板位移变化情况。由图 4-24(a)可知，顶板最大位移发生在距工作面端头 34 mm(实际 1.36 mm)处，最大位移量为 16 mm；沿巷道走向方向，顶板位移量变化最大梯度为 8 mm。如图 4-24(b)所示，支护 5 min 时，顶板最大位移发生在距工作面端头 32 mm(实际 1.28 mm)位置处，最大位移量为 20 mm，此时顶板位移变化最大梯度为 4 mm。当支护 7.5 min 时，巷道顶板位移量最大发生在距工作面 29 mm (实际 1.16 m)位置处，最大位移量为 32 mm，此时位移量变化最大梯度为 4.4 mm，如图 4-24(c)所示。图 4-24(d)所示为支护 10 min 时巷道顶板位移变化情况。由图 4-24(d)可知，此时顶板位移量最大发生在 29 mm(实际 1.16 m)位置处，最大位移量为 54 mm，顶板位移变化最大梯度为15.6 mm，此时在靠近工作面侧和实体煤柱侧，顶板位移最小，最小值为 34 mm。

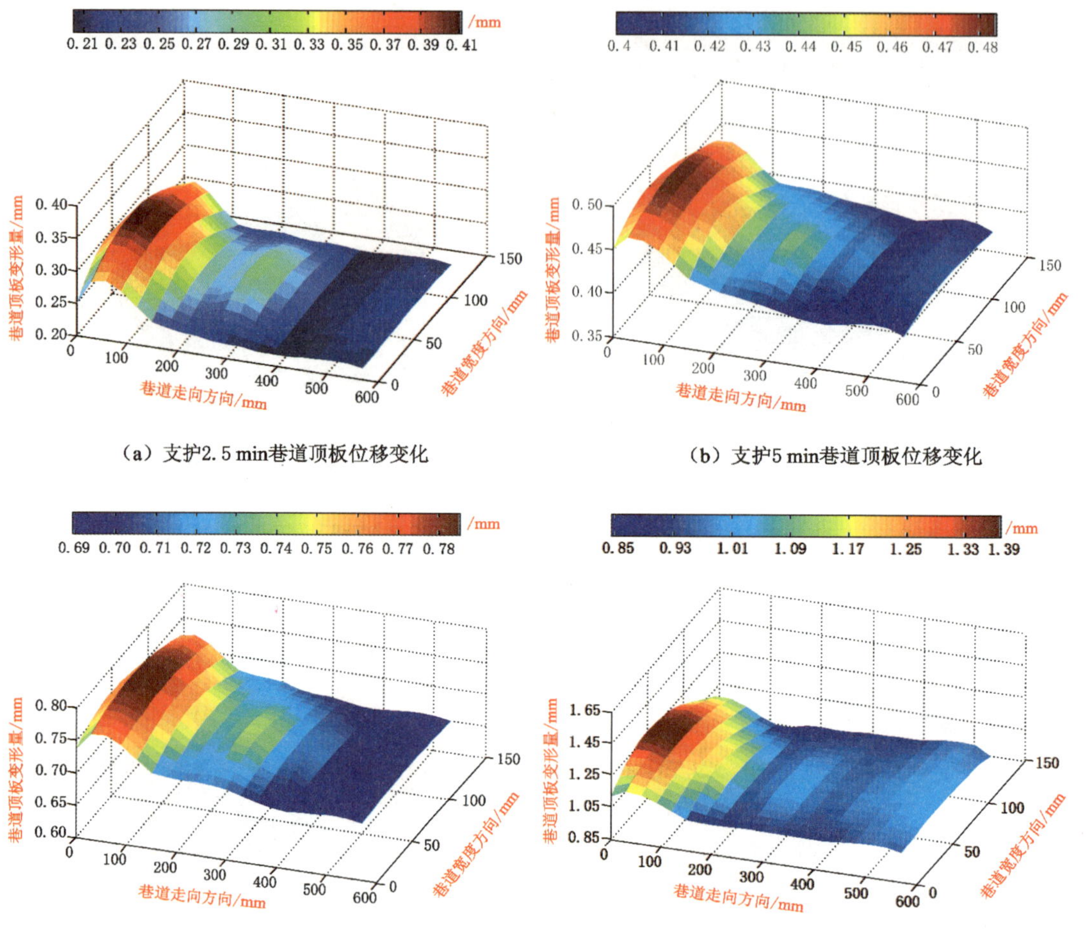

(a) 支护2.5 min巷道顶板位移变化　(b) 支护5 min巷道顶板位移变化

(c) 支护7.5 min巷道顶板位移变化　(d) 支护10 min巷道顶板位移变化

图 4-24 “二次傅立叶”非等强联合支护下不同时刻巷道顶板位移分布

对比两种非等强联合支护方案下模拟巷道顶板的位移变化可以看出，“二次傅立叶”非等强联合支护相对比支护方案 1，顶板位移量较小；沿巷道走向方向，顶板位移量变化梯度较小。这表明使用“二次傅立叶”非等强联合支护能够对巷道顶板稳定进行有效的维护。

(3) 模拟回采巷道深部压力测量结果分析

在不同非等强度联合支护方案支护巷道过程中，巷道上覆岩层压力变化如图 4-25 和图 4-26所示。由图 4-25 和图 4-26 可以看出，三层测试压力值均沿着巷道的走向方向逐渐增加，且距巷道顶板越深，岩层压力越大。沿巷道走向方向，顶板位移量逐渐减小，工作面端头处巷道顶板由于位移变化量大会对承受的载荷进行卸荷，因此巷道走向方向顶板压力值增加。顶板深部压力不能够及时向四周传递造成顶板深部的压力较顶板浅层和表层的压力值大。由悬臂梁理论可以知道，如果尾端固定载荷适当，就会有效提高尾端压力的传递，且不会造成后端的过渡固定和尾端的应力集中。

由图 4-25 可以看出，上覆岩层 3 处测试平面中最大压力值均发生在距工作面 22.8 m 位置处，最大压力值分别为 85.6 kPa、114.6 kPa、141.3 kPa。

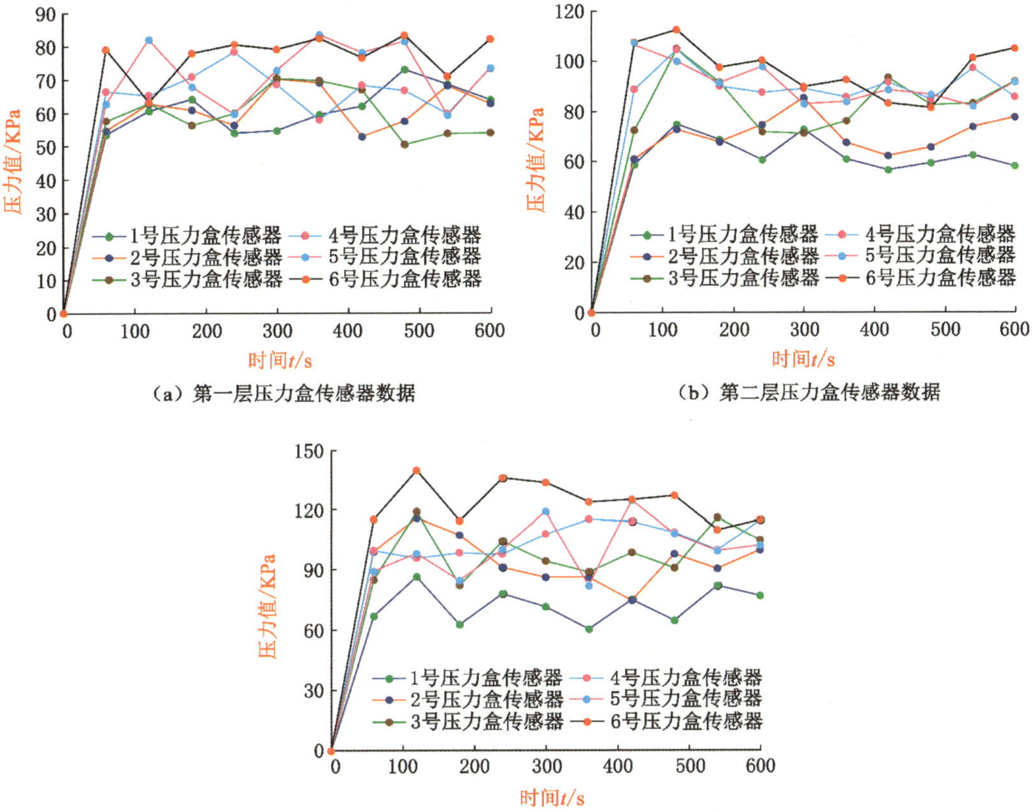

(a) 第一层压力盒传感器数据

(b) 第二层压力盒传感器数据

(c) 第三层压力盒传感器数据

图 4-25　沿巷道走向方向“二次傅立叶”非等强联合支护下顶板深部压力值

由图 4-26 可以看出，上覆岩层中 3 处压力测试位置处的压力最大值均发生在距工作面 22.8 m 位置处，最大压力值分别为 102.4 kPa、117.4 kPa、135.2 kPa。

通过对比两种支护方案下巷道顶板深部压力值可以知道，两种支护方案中上覆岩层中压力最大值均发生在巷道前端位置，且支护方案 1 第一层最大压力值较“二次傅立叶”非等强联合支护的增加了 16.8 kPa，第二层最大压力增加了 2.8 kPa，第三层最大压减小了 6.2 kPa。由此可以看出，“二次傅立叶”非等强联合支护较支护方案 1，顶板深部压力的有效维护更加明显，且支护强度对顶板浅层的压力影响最大。

4.4.3　超前液压支架群组锚固等强联合支护试验结果分析

待非等强联合支护两组试验测试完成后，通过控制减压阀将四组超前液压支架组支护强度按照强度相似常数换算后进行设置，对模拟回采巷道进行超前液压支架群组锚固等强联合支护试验测试。

(1) 模拟回采巷道顶板应力测量结果分析

模拟回采巷道超前液压支架群组锚固等强联合支护时，顶板应力测量结果如图 4-27 所示。由图 4-27 可以看出，沿巷道走向方向，顶板应力呈逐渐减小的梯度分布；沿巷道宽度方

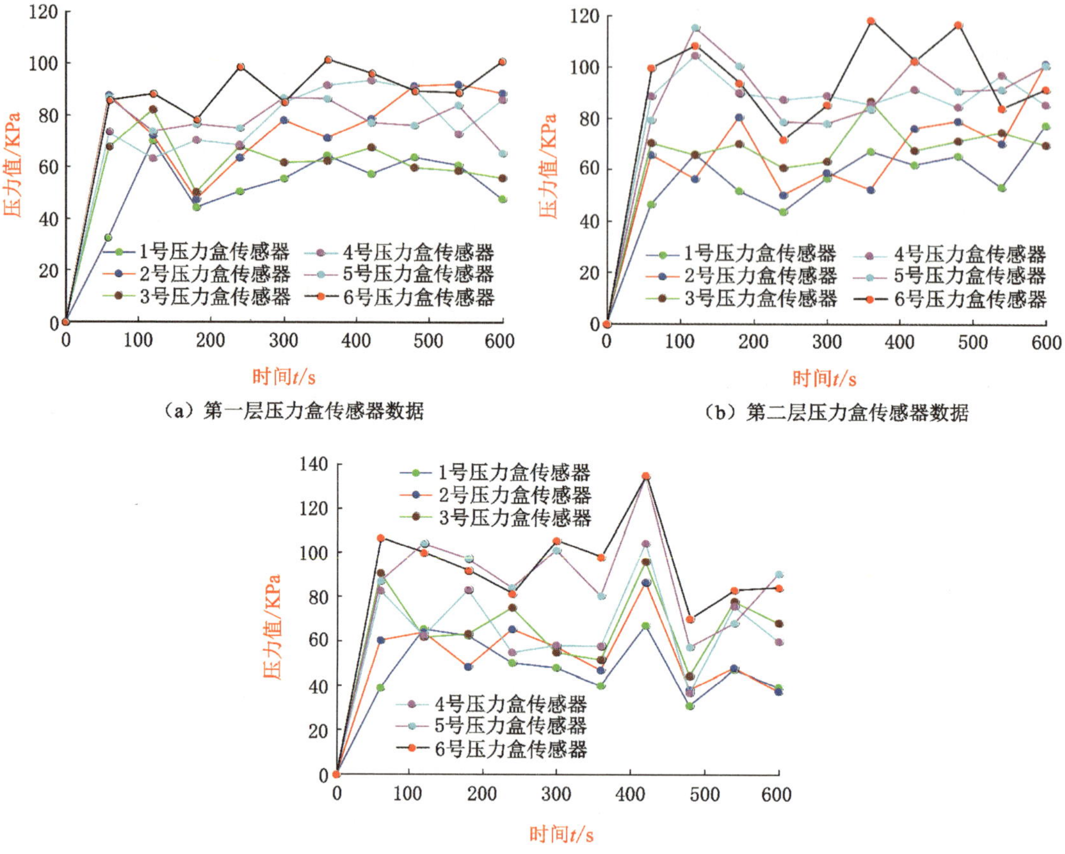

(a) 第一层压力盒传感器数据　(b) 第二层压力盒传感器数据

(c) 第三层压力盒传感器数据

图 4-26　沿巷道走向方向非等强联合支护方案 1 下支护顶板深部压力值

向，顶板应力以顶板中线位置为中轴呈“非均匀对称”分布。两组相邻支架组连接处由于没有锚杆、锚索和超前液压支架顶梁的支护作用成为顶板“卸荷区”，产生应力集中现象，且随着支护时间的推移，巷道顶板应力整体逐渐增加。

如图 4-27 所示，等强联合支护巷道顶板 2.5 min 时，沿巷道走向方向，巷道顶板应力最大发生在两相邻支架连接处，最大值达 16 kPa(实际 1.024 MPa)。1 号支架组支护范围内顶板应力梯度变化了 1.5 kPa(实际 0.096 MPa)；2 号支架组支护范围内顶板应力梯度变化了 2 次，分别为 2.1 kPa(实际 0.134 MPa)、1.4 kPa(实际 0.09 MPa)；3 号支架组支护顶板应力梯度变化了 0.9 kPa(实际0.058 MPa)；4 号支架组支护顶板应力梯度变化了 0.5 kPa(实际 0.032 MPa)。沿巷道走向方向，顶板应力变化最大梯度为 6.6 kPa(实际 0.42 MPa)。

等强支护 5 min 时顶板应力分布情况如图 4-27(b)所示。1 号支架组支护范围内应力梯度变化了 3 次，分别为 0.7 kPa(实际 0.045 MPa)、0.8 kPa(实际 0.051 MPa)、0.9 kPa(实际 0.058 MPa)，且在工作面端头处出现局部应力增加，这是由非等强支护过程中巷道顶板存在一定的破坏造成的。2 号支架组支护应力梯度变化了 0.8 kPa(实际 0.051 MPa)。3 号支架组支护范围应力变化 1 kPa(实际0.064 MPa)。4 号支架组支护应力梯度变化了 1.4 kPa(实际 0.09 MPa)。沿巷道走向方向，顶板应力梯度总体变化了 7.1 kPa(实际 0.45 MPa)。

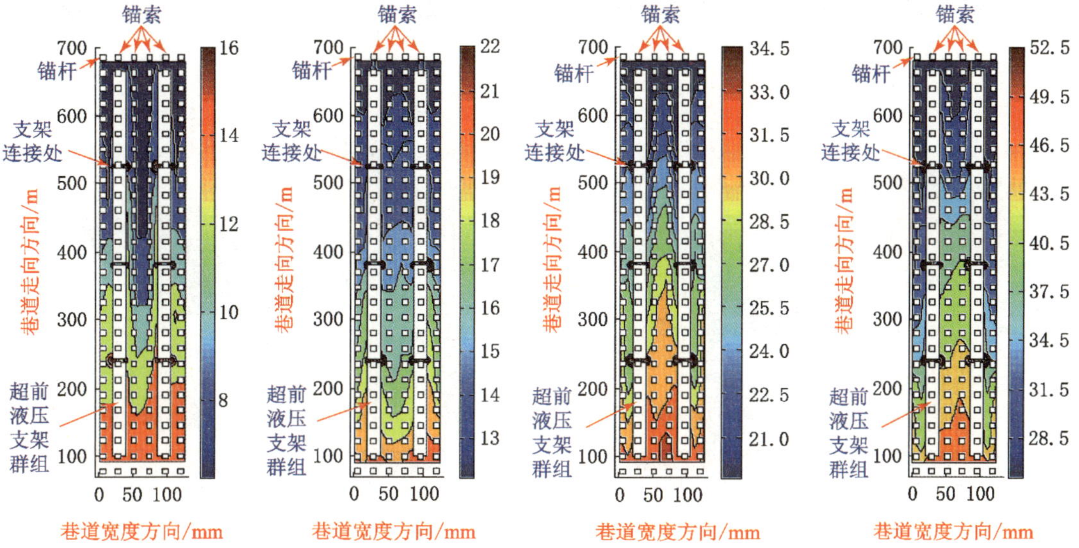

(a) 支护2.5 min　(b) 支护5 min　(c) 支护7.5 min　(d) 支护10 min

图 4-27　等强联合支护巷道顶板应力分布

图 4-27(c)所示为支护 7.5 min 时顶板应力分布情况。在靠近 1 号超前支架组右侧顶梁工作面端头位置出现应力局部集中，这是由于此时锚杆和锚索与支架组联合支护出现不匹配现象。1 号支架组支护范围内应力梯度变化了 1.9 kPa(实际 0.12 MPa)。2 号支架组支护范围内应力梯度变化了 1.5 kPa(实际 0.096 MPa)。3 号支架组支护顶板应力梯度变化了 3 次，分别为 1.6 kPa(实际 0.102 MPa)、0.8 kPa(实际 0.051 MPa)、1.3 kPa(实际 0.08 MPa)。4 号支架组支护范围内顶板应力梯度变化了 2 次，分别为 1.3 kPa(实际 0.08 MPa)、1.9 kPa(实际 0.12 MPa)。沿巷道走向方向，顶板应力梯度最大变化了 12 kPa(实际 0.77 MPa)。

随着支护时间的推移，当支护 10 min 时，顶板应力分布基本稳定。1 号支架组支护范围内顶板应力梯度变化了 2.4 kPa(实际 0.15 MPa)；2 号支架组支护范围内梯度变化了 3.1 kPa(实际 0.2 MPa)；3 号支架组支护范围内梯度变化了 2 次，分别为 2.5 kPa(实际 0.16 MPa)、2.2 kPa(实际 0.14 MPa)；4 号支架组支护范围内梯度变化了 3.7 kPa(实际 0.24 MPa)。巷道顶板应力变化最大梯度为 18.7 kPa(实际 1.2 MPa)。

“二次傅立叶”非等强联合支护较等强联合支护，对顶板应力梯度变化影响较小，说明在“二次傅立叶”非等强联合支护下顶板应力分布较为平稳，不易发生由于应力梯度变化剧烈而造成顶板的破碎或断层现象。

(2) 模拟回风巷道顶板位移测量结果分析

模拟回采巷道超前液压支架群组锚固等强联合支护时，巷道顶板位移变化如图 4-28 所示。由图 4-28 可以看出，沿巷道走向方向，巷道顶板位移呈先增加后逐渐较小的梯度变化；沿着巷道宽度方向，顶板位移呈“非均匀对称”分布；在巷道中线位置处顶板位移量最大。随着时间的增加，顶板位移整体增加。

等强联合支护 2.5 min 时，顶板位移如图 4-28(a)所示。沿巷道走向方向，顶板位移最

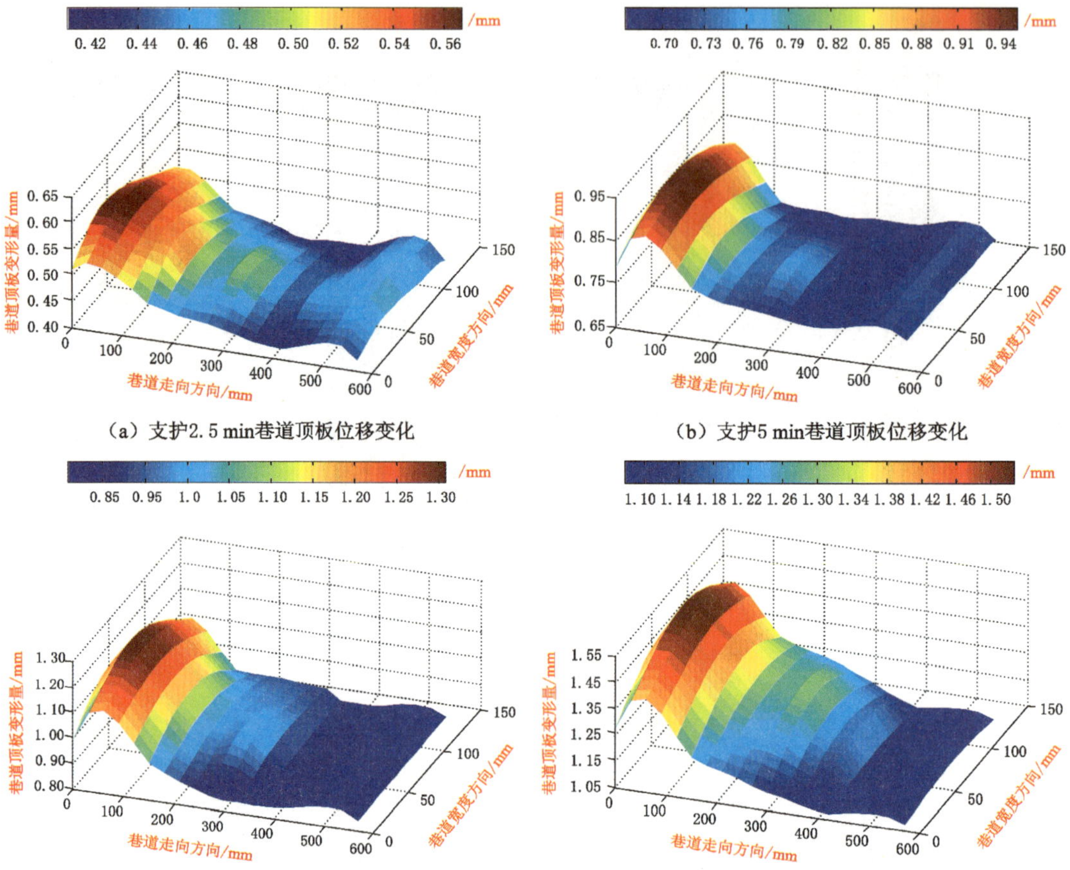

（a）支护2.5 min巷道顶板位移变化

（b）支护5 min巷道顶板位移变化

（c）支护7.5 min巷道顶板位移变化

（d）支护10 min巷道顶板位移变化

图 4-28　等强联合支护巷道顶板位移变化

大值发生在距工作面端头 44 mm(实际 1.76 m)位置处，位移量最大 26 mm，此时沿巷道走向方向顶板位移量梯度变化为 10 mm。

当支护 5 min 时顶板位移变化如图 4-28(b)所示。顶板位移最大发生在距工作面端头 66 mm(实际 2.64 m)位置处，最大值为 38 mm，此时位移量梯度变化最大为 8 mm。

图 4-28(c)所示为支护 7.5 min 时顶板位移变化情况。此时距工作面端头 51 mm(实际 2.04 m)位置处，位移最大(52 mm)，位移梯度变化量最大为 20 mm。

随着支护时间的增加，当支护时间达到 10 min 时，顶板位移整体达到最大，此时位移量最大为 62 mm，发生在距工作面端头 46 mm(实际 1.84 m)位置处；沿巷道走向方向，顶板位移量梯度变化最大为 18.8 mm。

(3) 模拟回采巷道深部压力测量结果分析

等强联合支护巷道时，埋设在上覆岩层中的压力盒传感器数据如图 4-29 所示。

通过观测等强联合支护巷道顶板 10 min 过程中三层压力盒传感器数据可以看出，三层压力盒传感器测试数值均沿着巷道走向方向逐渐增加，且在距工作面端头 22.8 m 位置处压力值达到最大，第一层最大压力值为 118.4 kPa，第二层最大值为 127.3 kPa，第三层最大值为 148.7 kPa。

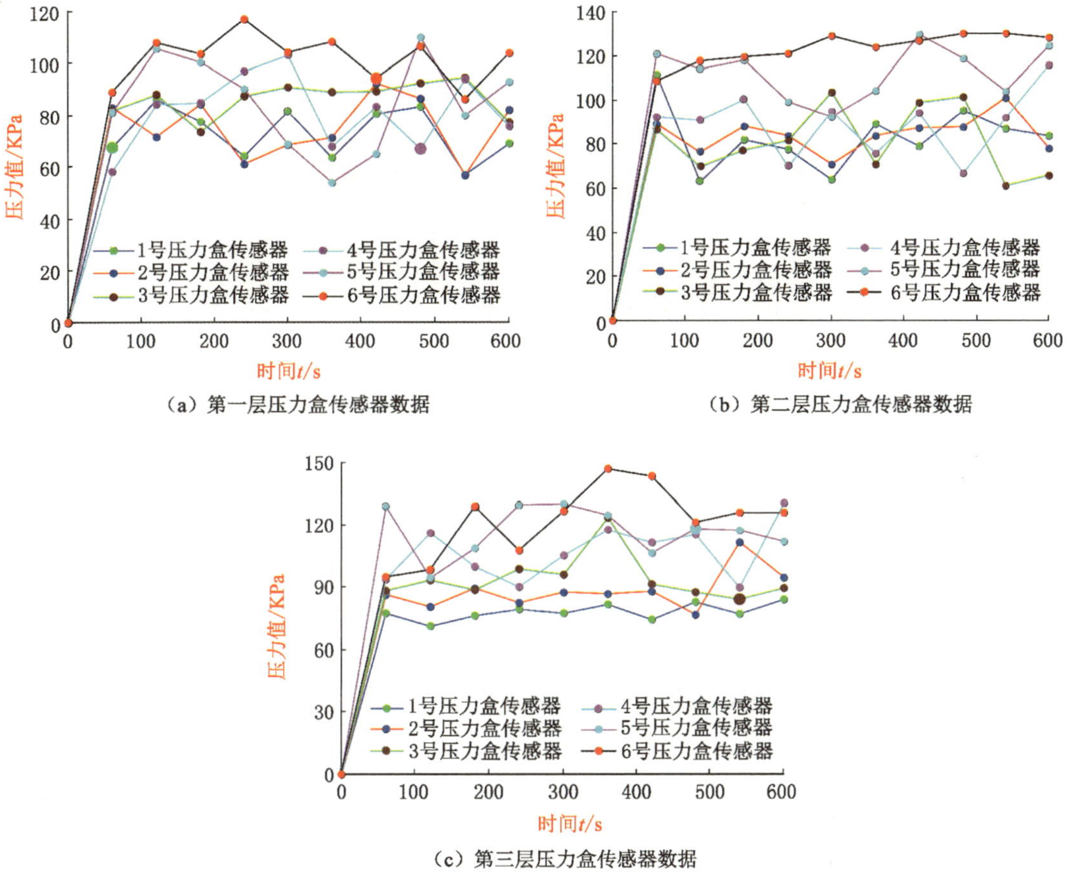

图 4-29　沿巷道走向方向等强联合支护顶板深部压力值

等强联合支护时较非等强联合支护方案 1 和“二次傅立叶”非等强联合支护时，第一层压力盒传感器数据最大增加了 32.8 kPa、第二层的最大增加了 12.7 kPa、第三层的最大增加了 13.5 kPa，由此说明“二次傅立叶”非等强联合支护对顶板深部岩层维护效果更加显著，且对顶板浅部的岩层支护效果尤为明显。

4.4.4　试验结果对比分析

锚固支护、等强联合支护、非等强联合支护方案 1、“二次傅立叶”非等强联合支护时，模拟巷道顶板中线位置处沿巷道走向方向位移变化对比如图 4-30 所示。取沿巷道走向方向距工作面端头处 0 m、4 m、8 m、12 m、16 m、20 m、22.8 m 几处位置顶板位移变化进行对比分析。不同支护方案下，顶板位移变化取支护 10 min 时稳定状态下的顶板位移变化进行对比分析。

通过对比不同支护方案下巷道顶板中线位置处位移变化可以看出，沿巷道走向方向，等强支护和非等强支护时顶板位移均逐渐减小，锚固支护巷道顶板在 0～4 m 范围内呈增加趋势；“二次傅立叶”非等强支护下顶板发生的位移量较其他 3 种方式下的相对较小，其次

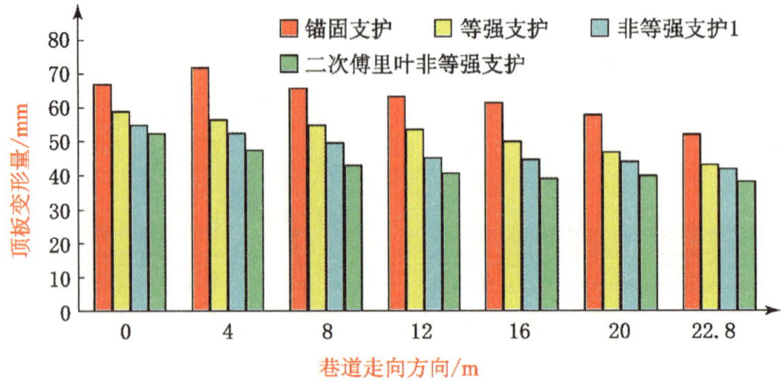

图 4-30　不同支护方式下沿巷道走向方向巷道顶板中线位置处位移变化

为非等强支护方案 1、等强支护、锚固支护；尤其在工作面端头位置处使用联合支护方式较锚固支护顶板位移变化量缩减十分明显，说明联合支护能够有效维护顶板稳定。结合相似试验测试获得数据可以看出，锚固支护时顶板位移量最大 92 mm、等强联合支护时其最大 62 mm、非等强联合支护时其最大 58 mm、“二次傅立叶”非等强联合支护时其最大 55.6 mm。由顶板位移量梯度变化率可以看出，“二次傅立叶”非等强联合支护对顶板位移量的有效控制作用十分显著。

不同支护方案下沿巷道走向方向顶板中线位置处的应力如图 4-31 所示。等强联合支护较非等强联合支护两种方案，顶板应力偏大。“二次傅立叶”非等强联合支护下巷道顶板应力最小，沿巷道走向方向顶板应力梯度变化也较平缓。通过观察可以发现所取 7 处位置处等强度支护较“二次傅立叶”非等强度联合支护应力分别偏大 0.88 MPa、0.99 MPa、0.93 MPa、0.88 MPa、0.64 MPa、0.43 MPa、0.43 MPa，较非等强联合支护方案 1 应力分别偏大 0.58 MPa、0.75 MPa、0.67 MPa、0.61 MPa、0.29 MPa、0.09 MPa、0.19 MPa。这说明使用“二次傅立叶”非等强联合支护对巷道顶板应力的控制作用较为显著。

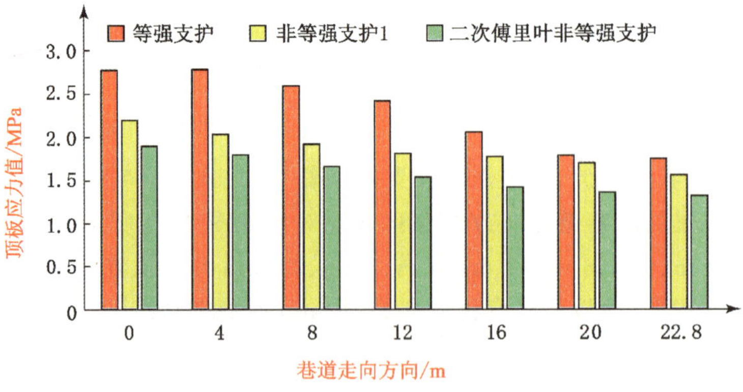

图 4-31　不同支护方式下沿巷道走向方向巷道顶板中线位置处应力

综合几种支护方案下巷道顶板的应力和位移变化情况可以看出，“二次傅立叶”非等强联合支护方案对巷道顶板稳定性的维护效果较为显著。

不同支护方案对比试验结束后，使用“二次傅立叶”非等强联合支护方案对模拟回采巷道进行支护并持续施加围压，共加载 4 h。巷道变形如图 4-32 所示。

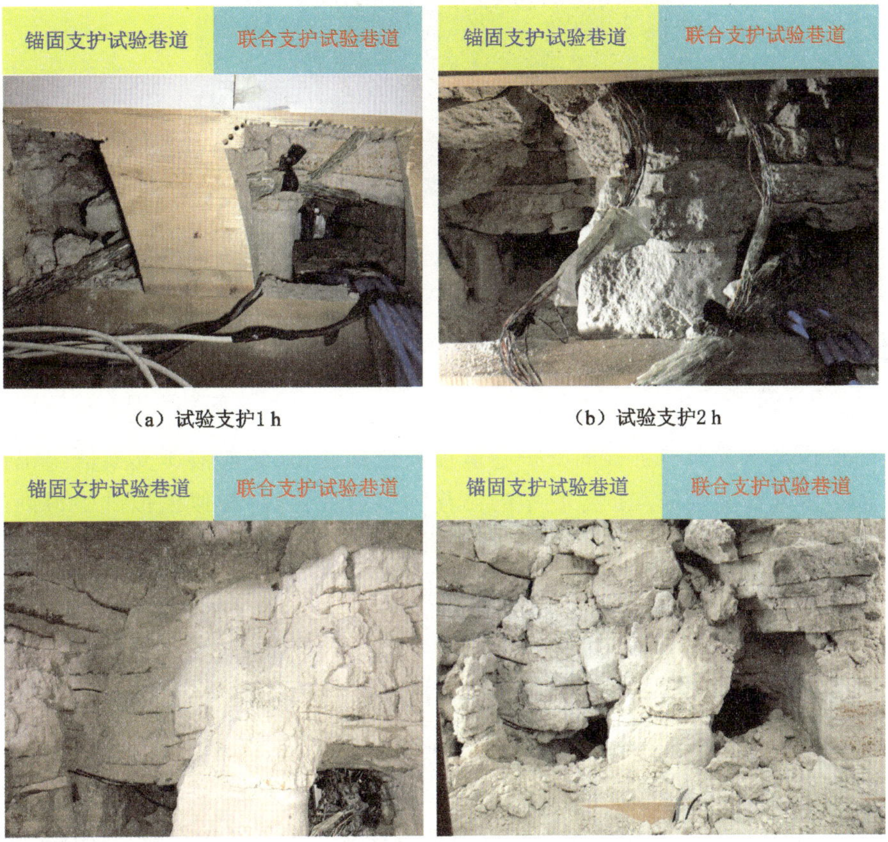

(c) 试验支护3 h　　(d) 试验支护4 h

图 4-32　随加载时间增加不同支护方式下巷道变形

由图 4-32 可以看出，使用锚固支护的巷道，在持续加载 1 h 时，其端头位置处产生破碎，而使用“二次傅立叶”非等强联合支护的巷道相对较稳定。加载 2 h 时，两种支护下的巷道都出现断层现象，但是使用锚固支护的巷道断层较为严重。加载 3 h 时，锚固巷道端头位置全部塌落，而“二次傅立叶”非等强联合支护巷道端头位置相对稳定。加载 4 h 后，锚固巷道基本全部垮落，而“二次傅立叶”非等强联合支护巷道仍保持相对完整。

锚固支护试验巷道由于完全塌落而观测不到其顶板形貌。观测到的“二次傅立叶”非等强联合支护巷道顶板形貌如图 4-33 所示。由图 4-33 可以看出，在持续加载过程中，巷道顶板形貌变化不显著，巷道左右帮大约移近 13 mm(实际 0.52 m)，且由于模拟试验中无法使用钢丝网等设备，因此巷道顶板脱落 5 mm 左右(实际 0.2 m)的一层模拟煤岩。相似模拟试验能够说明超前液压支架群组锚固联合支护的有效性，进而说明“二次傅立叶”非等强联合支护对巷道顶板维护的合理性和正确性。

图 4-33　试验后模拟回采巷道顶板形貌

4.5　理论与试验结果对比验证分析

通过相似模拟试验获得了锚固支护巷道顶板位移变化、超前液压支架群组锚固联合支护巷道顶板在等强和非等强支护过程中的位移和应力变化，将相似模拟试验得到的结果与理论计算获得的结果进行对比分析，进而可验证理论分析的准确性。由于理论模型在边界位置处求解会出现奇异值的现象，因此将巷道走向方向顶板中线位置处位移和应力变化作为对象进行对比分析。

4.5.1　锚固支护理论结果与试验结果对比验证分析

锚固支护巷道顶板试验结果与理论计算结果（其中试验结果按照相似常数进行换算）对比如图 4-34 所示。试验测试结果取支护 10 min 时稳定状态，距工作面端头 0 m、4 m、8 m、12 m、16 m、20 m、22.8 m 位置处巷道顶板位移变化进行对比分析。由图 4-34 可以看出，试验测试时顶板变形量沿巷道走向方向先增加到 4 m 位置处后开始减小，理论计算时顶板变形量增加到 8 m 位置处后开始减小，且距工作面 8 m 位置以后其较试验测试时的偏大。这是因为试验测试中锚杆、锚索的实际支护作用较理论模型中的作用更加有效以及巷道两帮对顶板的作用也较理论模型中的边界条件对顶板的作用更加有效。理论计算时顶板中线位置最大位移发生在距工作面端头 7.72 m 位置处，最大位移量 79.98 mm；而试验测试时顶板中线位置处的最大位移发生在 3.56 m 位置处，最大位移量 92 mm。产生此种差异是试验中留有一定距离的边界条件造成的。试验中最大位移发生位置相对前移，且理论模型中设置的边界约束条件不能够在试验中完全实现。

表 4-7 所示为锚固支护下所取对比位置处巷道顶板中线位置处位移试验结果和理论计算结果的误差量。由表 4-7 可以知道，在工作面端头 8 m 位置处误差量最大。这是由于试验中锚杆、锚索的实际作用起到较好的效果。试验中顶板变形量较小，且在工作面端头位置处，顶板由于受到作用力较为复杂。理论模型中端头约束不能完全实现造成此处误差量同样较大。考虑试验的复杂性，最大误差占试验结果的百分比为 19.5%属于可接受范围。

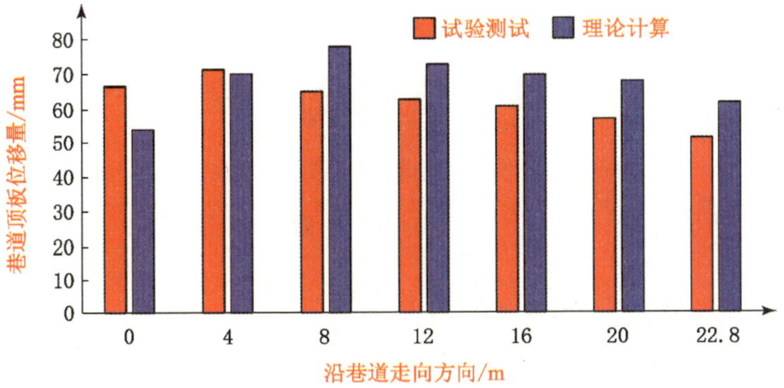

图 4-34　沿巷道走向方向锚固支护巷道顶板中线位置位移试验与理论结果对比

表 4-7　沿巷道走向方向顶板中线位置位移试验结果与理论计算结果误差量

	0 m	4 m	8 m	12 m	16 m	20 m	22.8 m
误差量/mm	12.2	1.2	−12.8	−10	−9.06	−10.8	−10.2
误差百分比/%	18.3	1.7	19.5	15.8	14.8	18.8	19.6

由锚固支护试验结果可以看出，由于理论模型在边界位置处求解会出现奇异值的现象，取沿巷道走向方向 0 m、8 m、16 m、22.8 m 等 4 个巷道宽度方向截面的理论计算和试验测试位移变化进行对比分析。其中 1.5 m 位置为距工作面煤壁侧 1.5 m。

由图 4-35 可以看出，沿巷道走向方向不同位置处巷道宽度端面试验和理论计算位移最大误差量在 8 m、16 m、22.8 m 位置均发生在巷道顶板中线位置，工作面端头位置发生在距工作面煤壁侧 1.5 m 位置处。在工作面端头处的试验位移和理论计算位移误差最大，达到 12.9 mm，这是由于端头处的边界条件比较复杂，理论模型中的边界设置在试验中不能完全满足。距工作面端头 8 m 位置处的误差为−12.8 mm，距工作面端头 16 m 位置处的误差为−9.06 mm，距工作面端头 22.8 m 位置处的误差为−10.2 mm。考虑试验的复杂性以及井下对顶板的维护要求，所出现的误差量属于可控制范围，因此可以验证理论模型的准确性。

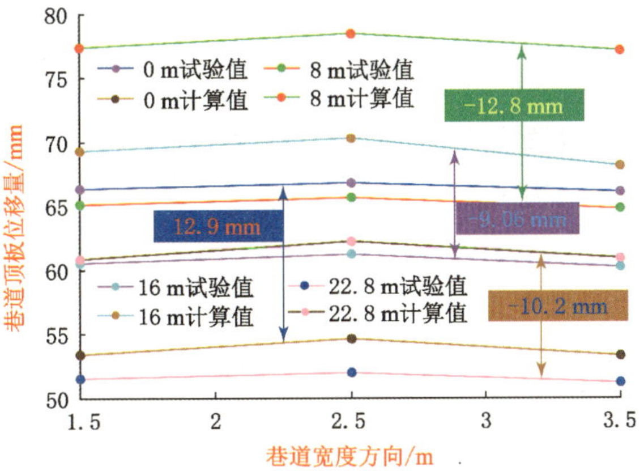

图 4-35　沿巷道走向方向不同巷道宽度端面位移试验与理论结果对比

4.5.2 等强联合支护理论结果与试验结果对比分析

等强联合支护巷道顶板试验和理论计算获得沿巷道走向方向顶板中线位置处位移、应力对比如图 4-36 所示。

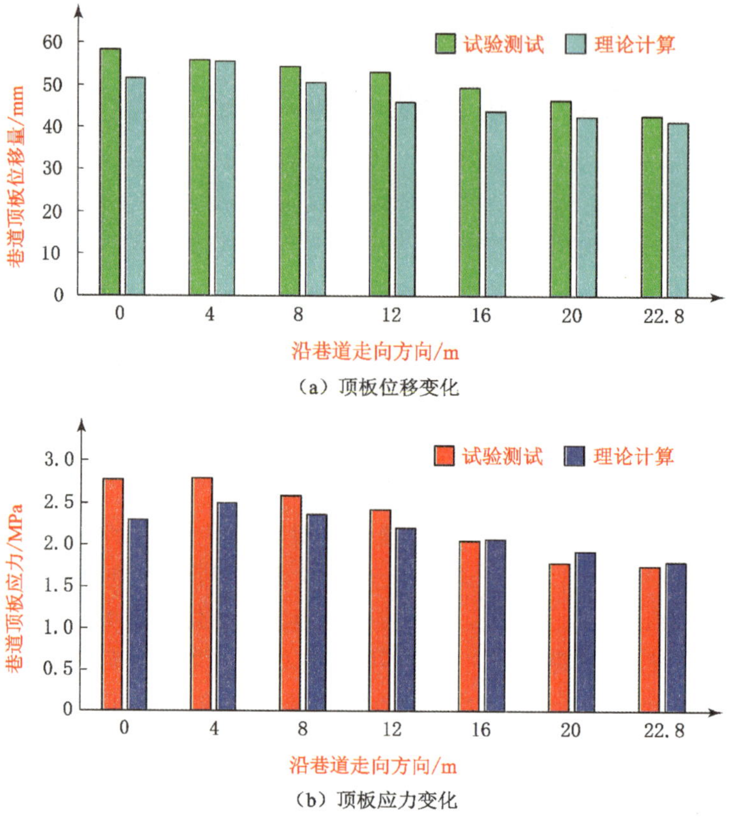

图 4-36 沿巷道走向方向顶板中线位置位移、应力试验与理论结果对比

由图 4-36 可以知道，试验测试时沿巷道走向方向顶板变形量和应力值呈逐渐减小趋势，理论计算时沿巷道走向方向顶板变形量、应力值呈先增加后逐渐减小趋势。这是由于试验测试中出现顶板变形量和应力值最大值位置前移。在距工作面 16 m 以后，顶板应力值理论计算结果大于试验结果，这是由于试验中巷道两帮以及锚固装置的实际作用能够对顶板进行支撑，且与理论模型中的约束条件存在差别。试验结果与理论计算结果误差量如表 4-8 所示。顶板变形量最大误差量 7.2 mm，应力最大误差量 0.48 MPa，最大误差量所占试验测试结果百分比分别为 13.4%和17.2%，属于可接受误差范围。

表 4-8 沿巷道走向方向不同端面顶板位移、应力试验与理论计算误差量

	0 m	4 m	8 m	12 m	16 m	20 m	22.8 m
误差量/mm	5.6	0.2	3.7	7.2	5.8	4.0	1.5
误差百分比/%	11.2	0.4	5.8	13.4	11.6	8.6	3.5

表4-8(续)

	0 m	4 m	8 m	12 m	16 m	20 m	22.8 m
误差量/MPa	0.48	0.29	0.22	0.21	−0.01	−0.13	−0.05
误差百分比/%	17.2	10.4	8.5	8.6	−0.5	−7.2	−2.8

取巷道走向方向距工作面端头 0 m、8 m、16 m、22.8 m 处沿巷道宽度方向的理论计算与试验测试顶板应力、位移结果对比，如图 4-37 所示。由图 4-27 可以看出，在工作面端头位置处，顶板最大位移误差 5.8 mm，最大应力误差 0.48 MPa；距工作面 8 m 位置处，顶板最大位移误差 4.3 mm，最大应力误差 0.26 MPa；距巷道端头 16 m 处，顶板位移最大误差 5.8 mm，最大应力误差 0.06 MPa；距巷道端头 22.8 m 处，顶板位移最大误差 2.3 mm，最大应力误差−0.05 MPa。对比可以发现，等强锚固联合支护时，顶板位移最大误差 5.8 mm，发生在工作面端头位置，最大应力误差 0.48 MPa。考虑试验因素的不确定性，结合煤矿井下的现实情况可以知道，理论结果和试验结果最大误差在可控制范围内。

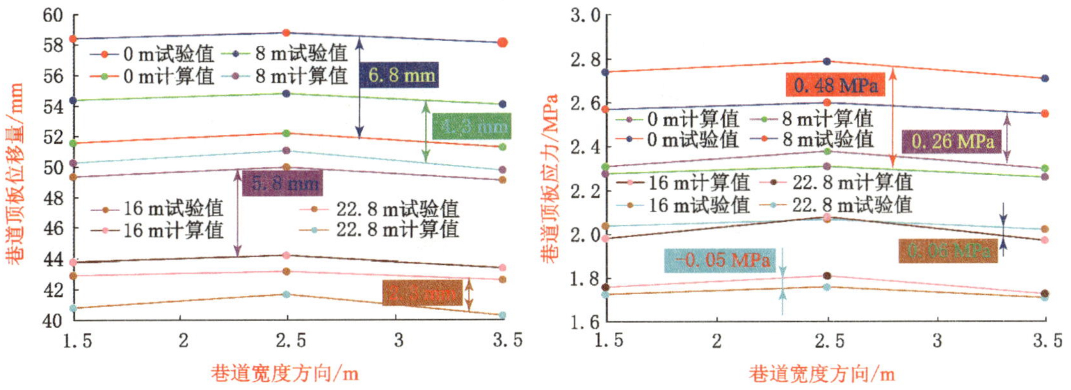

图 4-37　沿巷道宽度方向不同端面处巷道顶板位移、应力试验与理论结果对比

4.5.3　非等强联合支护理论结果与试验结果对比分析

非等强锚固联合支护方案 1 试验获得顶板中线位置处沿巷道走向方向位移变化和应力分布与理论计算获得结果对比如图 4-38 所示。

非等强锚固联合支护巷道试验测试获得的巷道顶板中线位置处变形量和应力值均呈逐渐减小趋势；理论计算获得的顶板中线变形量呈先增加后减小的趋势，应力值呈先增加后减小在增加的趋势。试验结果与理论计算结果误差如表 4-9 所示。位移最大误差 9.7 mm，发生在距工作面端头 8 m 位置处；应力最大误差 0.35 MPa，发生在工作面端头处。综合考虑可以知道，此范围误差为可控制误差(可忽略不计)，因此说明理论计算获得的结果可为井下实际联合支护提供依据。

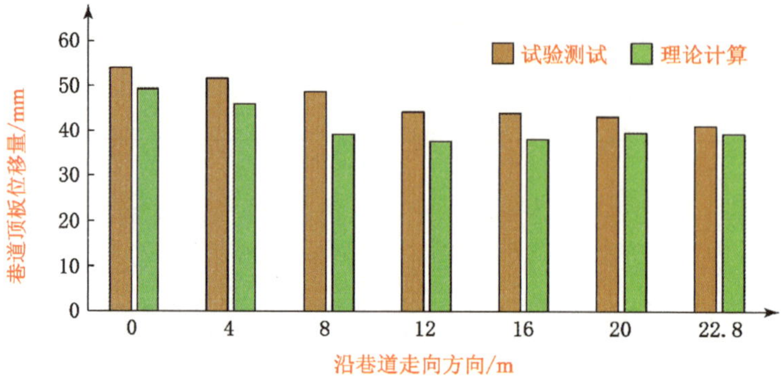

（a）顶板位移变化

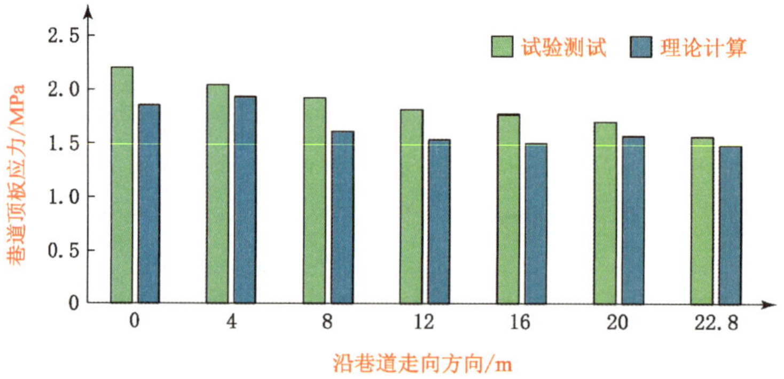

（b）顶板应力变化

图 4-38　沿巷道走向方向顶板中线位置位移、应力试验与理论结果对比

表 4-9　沿巷道走向方向不同端面顶板位移、应力试验与理论计算误差量

	0 m	4 m	8 m	12 m	16 m	20 m	22.8 m
误差量/mm	4.6	5.6	9.7	5.8	5.0	3.7	1.9
误差百分比/%	8.4	10.7	19.6	15.1	13.4	8.4	4.5
误差量/MPa	0.35	0.11	0.31	0.28	0.27	0.13	0.08
误差百分比/%	15.8	5.4	15.1	15.4	15.2	7.6	5.1

取巷道走向方向距工作面端头 0 m、8 m、16 m、22.8 m 处沿巷道宽度方向的理论计算结果与试验测试结果对比，如图 4-39 所示。

通过对比不同端面处的顶板的位移、应力变化可以看出，沿巷道宽度方向上顶板最大位移误差量为 9.8 mm，最大应力误差量为 0.35 MPa，其均可视为可控制误差量。

“二次傅立叶”非等强联合支护方案相似试验结果与理论计算结果对比如图 4-40 所示。由图 4-20 可以看出，试验测试顶板变形量先减小后增加、应力呈逐渐较小趋势，理论计算顶板变形量和应力呈逐渐减小趋势。沿巷道走向方向，顶板中线位置处位移和应力试验测量值与理论计算值误差统计如表 4-10 所示。由表 4-10 可以知道，顶板变形量误差最大 5.9 mm，且发生在距工作面 20 m 位置处；应力误差最大 0.21 MPa，且发生在工作面端头位置处。

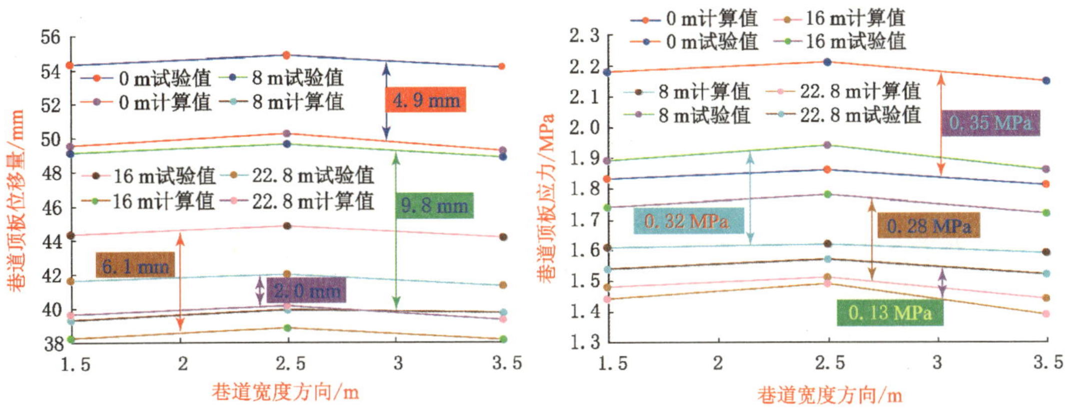

图 4-39 沿巷道宽度方向不同端面处巷道顶板位移、应力试验与理论结果对比

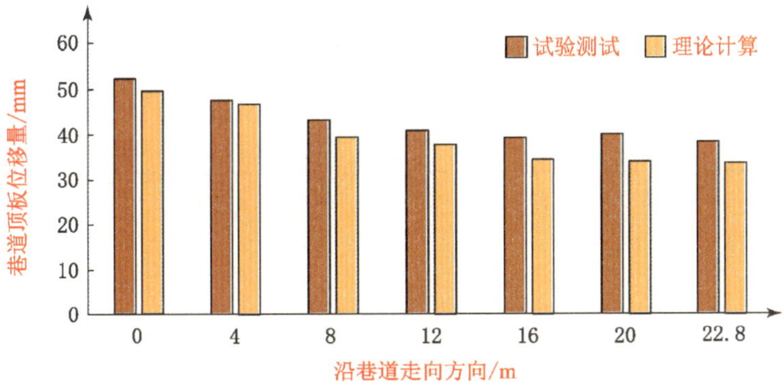

(a) 顶板位移变化

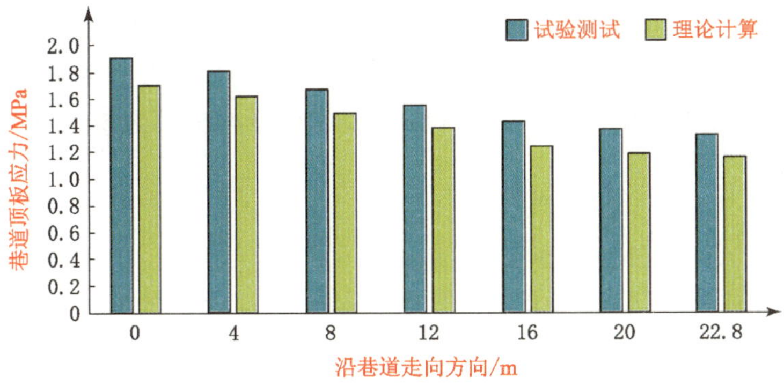

(b) 顶板应力变化

图 4-40 沿巷道走向方向顶板中线位置位移、应力试验与理论结果对比

表 4-10　沿巷道走向方向不同端面顶板位移试验与理论计算误差量及误差

	0 m	4 m	8 m	12 m	16 m	20 m	22.8 m
误差量/mm	2.8	0.9	3.8	3.0	4.8	5.9	4.6
误差百分比/%	5.3	0.2	8.8	7.4	12.2	14.8	12.0
误差量/MPa	0.21	0.19	0.18	0.17	0.19	0.18	0.17
误差百分比/%	11.0	10.5	10.8	11.0	13.3	13.1	12.8

取沿巷道宽度方向不同端面处试验测试与理论计算顶板位移量和应力分布对比，如图 4-41所示。由图 4-41 可以看出，试验测试与理论计算获得的顶板位移量最大误差量为 4.8 mm，应力变化最大误差 0.21 MPa。考虑试验条件复杂性以及井下工作面地质条件的复杂性，这两种误差量均可视为可控制误差。

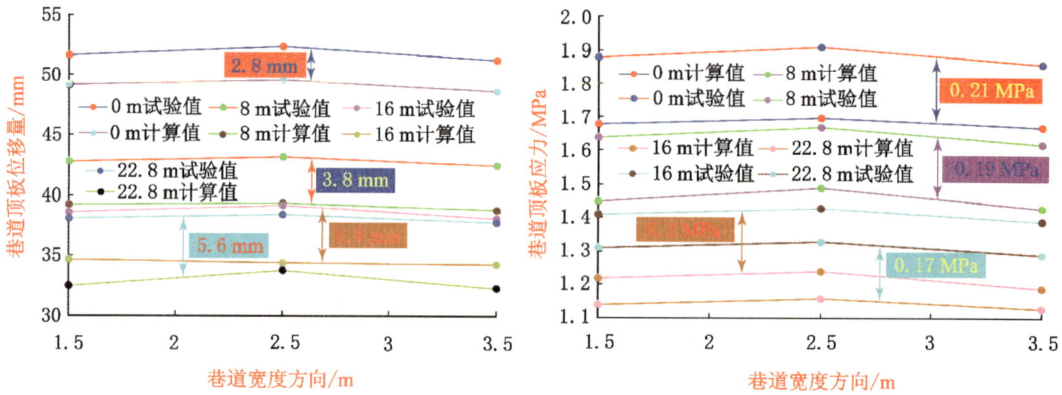

图 4-41　沿巷道宽度方向不同端面处顶板位移、应力试验与理论结果对比

通过对锚固试验和联合支护沿巷道走向方向顶板中线位置处的位移变化和应力分布情况试验结果和理论计算结果对比分析可以看出，考虑相似模拟试验过程中存在多种因素的干扰，试验工作面端头处和巷道前端无锚杆和锚索支护造成试验结果和理论结果存在一定的差异，且试验环境的复杂程度造成试验和理论计算结果所存在差异为可忽略差异，因此表明超前液压支架群组锚固联合支护弹性板力学模型的准确性以及“二次傅立叶”非等强联合支护方案的合理性。

第 5 章　回采巷道超前液压支架群组锚固联合支护特性试验研究

5.1　试验布置

在 15106 综采工作面回风巷道进行超前液压支架群组锚固联合支护特性试验研究。

5.1.1　试验方案

准备开展试验时，该工作面共推进 40 m，初次来压发生，回风巷道顶板较为完整。由于时间紧迫所以最终选择靠近巷道工作面端头两组超前液压支架组作为试验对象。沿回风巷道走向方向分别将超前液压支架组编为 1 号、2 号。采用超前液压支架群组锚固“二次傅立叶”非等强联合支护和等强联合支护方式对工作面两组超前液压支架群组进行支护操作。

试验共分为两项进行。① 进行超前液压支架群组锚固“二次傅立叶”非等强联合支护巷道顶板力学特性测试。1 号超前液压支架组支护强度设置为 0.75 MPa，2 号超前液压支架组支护强度设置为 0.63 MPa。② 进行超前液压支架群组锚固等强联合支护巷道顶板力学特性测试。1 号和 2 号超前液压支架组支护强度设置为 0.45 MPa。

5.1.2　试验主要设备及其布置

沿回风巷道走向方向分别将超前液压支架组编号为 1 号、2 号。由于各支架组沿支护中线位置呈对称结构，以靠近工作面煤壁侧支架顶梁支护顶板范围内应变计传感器布置为例，在 1 号超前液压支架组尾端顶梁相距 300 mm 位置处布置第一排应变计（共计 3 片），1 号支架顶梁中间位置、1 号支架与 2 号支架连接位置、2 号支架顶梁中间位置、2 号支架顶梁前端 300 mm 位置分别布置一排应变计传感器。由于时间的限制以及工作面现场条件的限制，共计布置 24 片应变计传感器。选用 BX120-10AA 型应变计。为了节约试验时间，测试应变计传感器使用 1/4 桥路连接。试验传感器布置如图 5-1 所示。

试验中首先按照试验设计方案找到对应的测试点位置。使用锉刀进行顶板表面粗略打磨，进而使用 40 目和 60 目砂纸进行顶板表面精细打磨。最后使用气筒进行测试点位置浮尘处理。

使用瑞士进口 502 胶水将应变计传感器粘贴到打磨好的测试点位置，如图 5-2 所示。

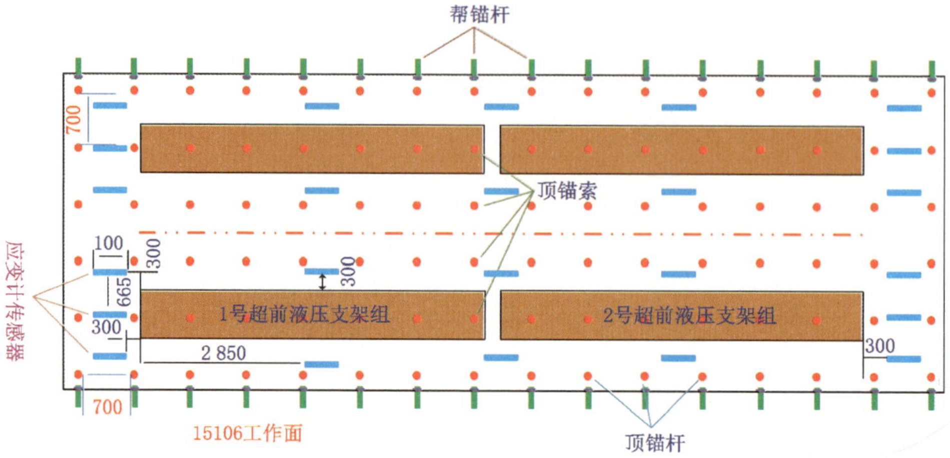

图 5-1 试验传感器布置

图 5-2 试验应变计传感器安装

试验中采用 TZT3826E 静态应变仪进行测试试验数据采集。测试数据每间隔 1 s 采集一次。

试验中应变计传感器按照试验方案进行粘贴完毕后，将导线连接到静态应变仪后，按照既定试验方案进行超前液压支架群组锚固联合支护井工试验测试。

5.1.3 试验过程

① 进行“二次傅立叶”非等强联合支护试验。1 号超前液压支架组使用 0.75 MPa 支护强度进行支护，2 号超前液压支架组使用 0.63 MPa 支护强度进行支护，3 号超前液压支架组使用 0.58 MPa 支护强度进行支护，4 号超前液压支架组使用 0.53 MPa 支护强度进行支护，但是在 3 号、4 号超前液压支架组支护顶板范围内未安设应变计传感器进行顶板应力测试，共支护 10 min。试验中使用静态应变仪对应变计传感器测试数据进行采集，每秒钟采集一次。

② 非等强联合支护试验结束后，为保证试验测试的准确性，待工作面推进 4 m 后，重新进行应变计传感器布置。将 1 号超前液压支架组支护强度设置为 0.45 MPa，2 号超前液压支架组支护强度设置为 0.45 MPa。共支护 10 min。试验中使用静态应变仪对应变计传感器测试数据进行采集，每秒钟采集一次。

5.2　试验测试数据分析

根据已定试验方案于 2018 年 12 月 19 日上午 11 点开始进行超前液压支架群组锚固联合支护回风巷道顶板力学特性测试井工试验。试验使用静态应变仪进行试验数据采集，每秒钟进行一次数据采集。将采集到的数据进行整理后使用 MATBLE 软件进行整理分析。

5.2.1　“二次傅立叶”非等强联合支护井工试验测试数据分析

首先进行超前液压支架群组锚固“二次傅立叶”非等强联合支护试验测试。图 5-3 所示为两组超前液压支架组锚固“二次傅立叶”非等强联合支护 10 min 内顶板应力变化情况。图 5-3 中下端为靠近工作面煤柱侧，上端为靠近实体煤柱侧。从不同时刻顶板的应力分布情况可以知道，巷道顶板的应力值由工作面端沿巷道的走向方向逐渐减小；沿着巷道的宽度方向，顶板应力值也存在逐渐减小趋势。但是在巷道顶板中间位置相对巷道两侧应力较大，且在第二组超前液压支架组处应力值呈梯度减小趋势。在两组超前液压支架组连接处均出现了应力集中的现象。在连接处没有锚杆、锚索的支护以及超前液压支架组顶梁支护作用，造成无支护处顶板位于应力“卸荷区”，同时 1 号超前液压支架组的支护强度大于 2 号超前液压支架组的，会造成 1 号超前液压支架组支护范围内顶板应力大于 2 号的，会造成连接处顶板应力不匹配，进而会造成连接处处于应力不稳定区域，最终造成顶板的破坏，使得顶板的应力陡然增加。因此需要在顶板连接处相应位置布置锚杆、锚索进行支护，而且超前液压支架群组在移架过程移架步距应该按照锚杆和锚索布置间排距情况进行移架，保证在两组超前液压支架组连接处存在锚杆或者锚索的支护。

在每个时间段内顶板的应力分布沿巷道顶板的中线位置呈现一种“非均匀对称”现象，尤其在第二组超前液压支架组支护范围内该现象显著。第二组超前液压支架组支护范围内受到工作面采动影响不是特别显著，因此顶板中线两侧应力“非均匀对称”(即应力变化趋势相似但是数值上存在区别)。不同支护时刻沿着巷道走向方向顶板应力呈梯度变化，且支护 5 min 和 7.5 min 时顶板应力梯度变化较为剧烈。

图 5-3(a)所示为超前液压支架群组锚固“二次傅立叶”非等强联合支护回风巷道顶板 2.5 min 时巷道顶板的应力分布情况。通过图 5-3(a)可以看出，沿巷道走向方向顶板应力沿着顶板中线呈“非均匀对称分布”(即巷道中线两侧应力变化趋势相似)。在两组超前液压支架组连接位置应力值增加。1 号超前液压支架组靠近工作面煤柱侧支护范围内顶板应力分布在 0.65～0.69 MPa 范围内，靠近实体煤柱侧支护范围内顶板应力分布在 0.56～0.61 MPa范围内。2 号超前液压支架组靠近实体煤柱侧和靠近工作面侧顶板应力值为整个顶板应力值最小区域，最小应力值为 0.39 MPa 左右，说明此范围对于顶板的支护效果较其他范围的较好。

“二次傅立叶”非等强联合支护巷道顶板 5 min 时，顶板应力分布如图 5-3(b)所示。顶板应力值较支护 2.5 min 时整体增加。两组超前液压支架组支护范围内顶板应力重新进行分布。两组超前液压支架组连接处应力仍然为最大。1 号超前液压支架组靠近工作面侧顶板应力在 0.97～1.02 MPa 范围内。靠近实体煤柱侧顶板应力在 0.86～0.91 MPa 范围内。

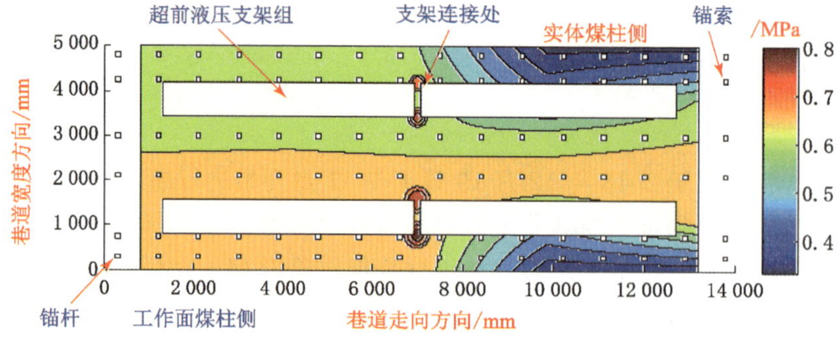

(a) 联合支护2.5 min时巷道顶板应力分布

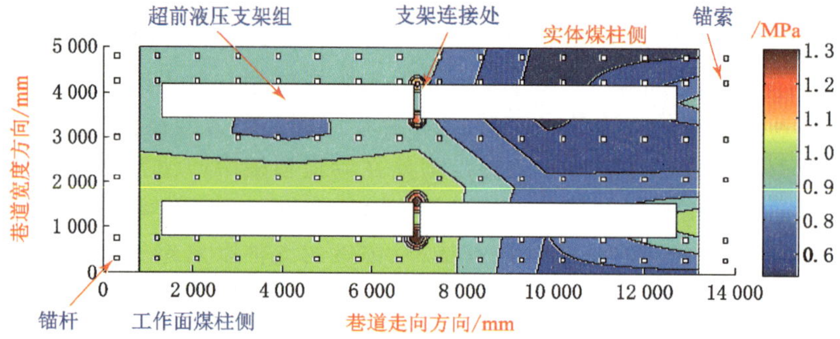

(b) 联合支护5 min时巷道顶板应力分布

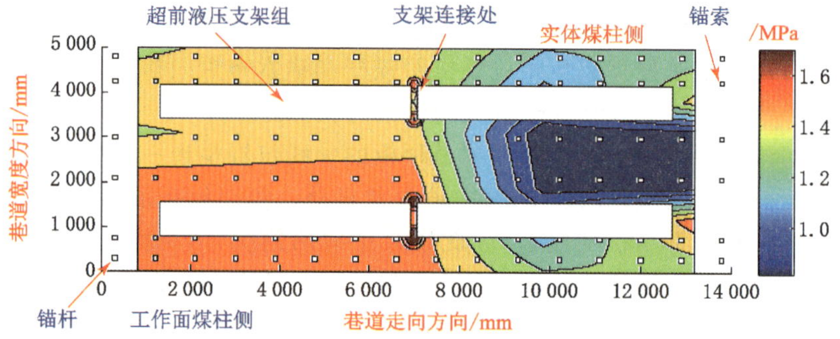

(c) 联合支护7.5 min时巷道顶板应力分布

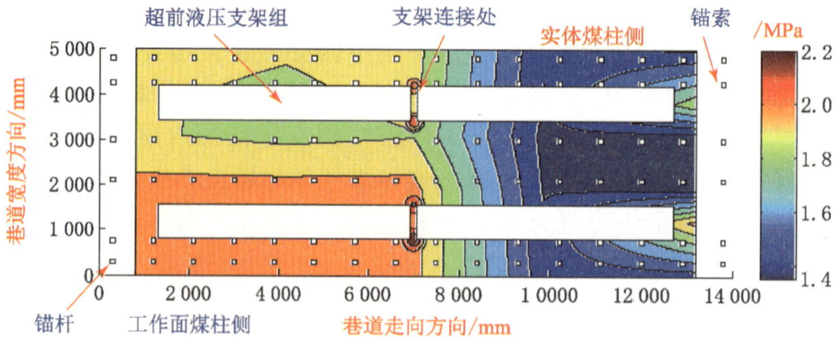

(d) 联合支护10 min时巷道顶板应力分布

图 5-3 “二次傅立叶”非等强联合支护下不同时刻巷道顶板应力分布

2 号超前液压支架组支护顶板范围内应力在 0.59～0.86 MPa 范围内，尤其 2 号超前液压支架组两顶梁间支护顶板应力较 1 号超前液压支架两顶梁间支护顶板应力较小，说明此时非等强联合支护产生相应作用。在 2 号超前液压支架组前端出现应力较大区域是由于其前端超前液压支架组的作用。1 号超前液压支架组靠近实体煤柱侧中间位置出现应力较其他位置的较小，是由于此处锚索、锚杆和超前液压支架组联合支护，达到一个较好的支护效果。

图 5-3(c)所示为非等强联合支护 7.5 min 时顶板应力分布情况。由图 5-3(c)可以看出，在支护 7.5 min 后顶板应力进行重新分布。两组超前液压支架组连接处应力依然为最大，且巷道顶板应力较之前应力整体增加。1 号超前液压支架组靠近工作面侧顶板应力在 1.46～1.52 MPa 范围内分布，靠近实体煤柱侧顶板应力值在 1.41～1.45 MPa 范围内分布。2 号超前液压支架组支护靠近工作面侧和靠近实体煤柱侧顶板应力较支护中间位置的增加，且顶板应力最小出现在 2 号超前液压支架组支护中间位置，说明此时 2 号超前液压支架组支护范围内顶板变形量十分严重，且靠近两侧的煤柱锚杆和锚索对顶板支护效果不是特别明显，没有发挥作用。

非等强联合支护 10 min 时，顶板应力分布如图 5-6(d)所示。虽然巷道顶板整体应力值增加，但是此时非等强联合支护效果显著。2 号超前液压支架组对顶板的支护效果相对比 1 号超前液压支架组的显著提高。2 号超前液压支架组前端出现应力集中区域是由前端的超前液压支架组共同作用造成的。在 1 号超前液压支架组靠近实体煤柱侧支架中间位置出现应力较小区域是由于顶板锚杆和锚索与超前液压支架组联合支护发挥充分作用。由此充分说明联合支护作用能够使顶板应力较小，对顶板维护更加有效。

随着支护时间的推移，顶板应力逐渐增加且在两组超前液压支架组连接处应力一直处于集中状态。2 号超前液压支架组对顶板支护所产生的应力较 1 号超前液压支架组一直处于较小范围。且 2 号超前液压支架组对顶板支护所产生的应力更加均匀。这说明超前液压支架群组锚固“二次傅立叶”非等强联合支护效果随着时间的推移逐渐显著。

在支护的过程中，超前液压支架组与锚杆、锚索联合支护效果呈现时，顶板应力会较其他支护方式的小，这说明联合支护效果对顶板的稳定性起到一定的作用。

5.2.2　等强联合支护井工试验测试数据分析

超前液压支架群组锚固“二次傅立叶”非等强联合支护试验测试结束后，进行等强锚固联合支护试验测试。为了避免“二次傅立叶”非等强联合支护试验测试试验对顶板的破坏作用以及保证试验测试的准确性，在 12 月 20 日上午重新进行测试点和传感器布置。此时回风巷道原始工作面端头推进了 4 m 距离。

试验测试结果如图 5-4 所示。由图 5-4 可以看出，随着支护时间的推移，巷道顶板整体应力值不断增加，且在支架连接处产生和“二次傅立叶”非等强联合支护试验相同的应力集中现象。随着支护时间的不断推移，沿着巷道走向方向顶板应力呈现先增加后减小的梯度变化。

图 5-4(a)所示为等强联合支护回风巷道顶板 2.5 min 时巷道顶板的应力分布情况。1 号超前液压支架组支护范围内，顶板应力处于 1.09～1.17 MPa 范围内。2 号超前液压支架组支护范围内，支护中间位置处顶板应力呈 1.04 MPa、0.98 MPa、0.92 MPa、0.84 MPa、0.79 MPa、0.75 MPa 梯度变化，而靠近巷道两帮处顶板应力较中间位置的大。但是在 2 号

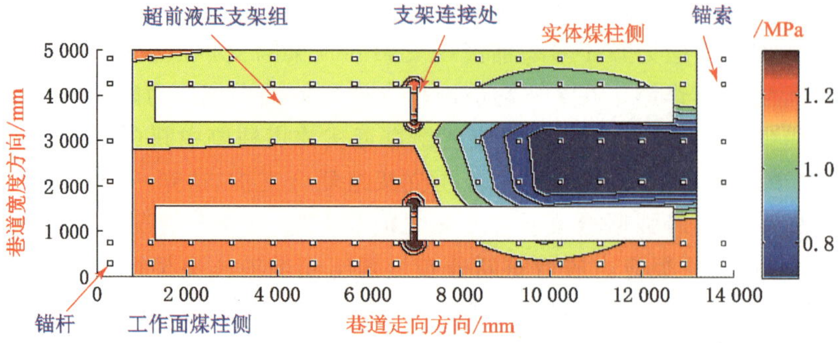

（a）联合支护2.5 min时巷道顶板应力分布

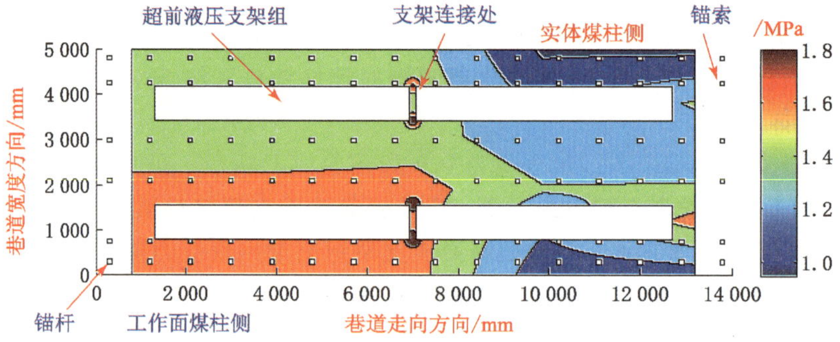

（b）联合支护5 min时巷道顶板应力分布

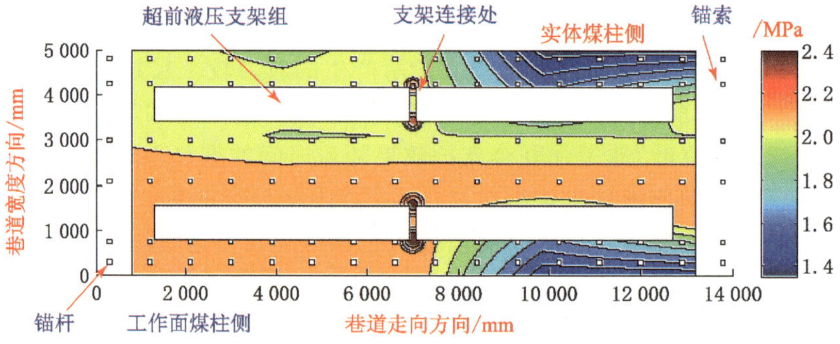

（c）联合支护7.5 min时巷道顶板应力分布

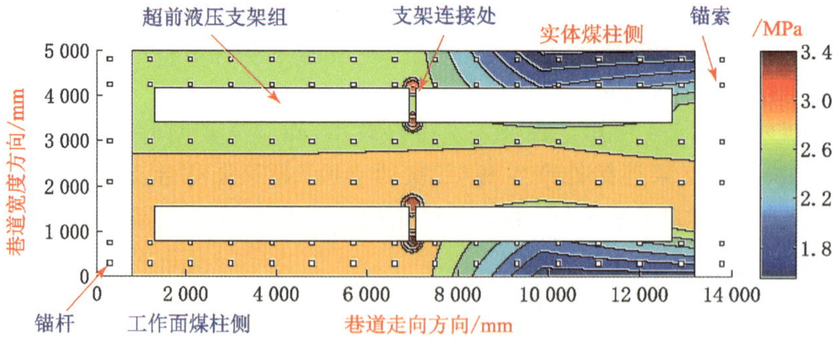

（d）联合支护10 min时巷道顶板应力分布

图 5-4　等强联合支护下不同时刻巷道顶板应力分布

超前液压支架组支护巷道顶板中间位置出现局部应力减小趋势，这是由于此处的锚杆和锚索与超前液压支架组联合支护发挥作用。

当超前液压支架组锚固等强联合支护 5 min 时，顶板应力分布如图 5-4(b)所示。顶板应力整体逐渐增加。两组超前液压支架组支护顶板的应力重新进行分布。且 2 号超前液压支架组支护范围中间位置处的顶板应力增加趋势较大。

图 5-4(c)和(d)所示为等强联合支护 7.5 min 和 10 min 时顶板应力的分布情况。随着支护时间的增加，顶板的应力整体增加且在 7.5 min 后顶板的应力最小位置均在 2 号超前液压支架组靠近两帮位置，应力最小值与最大值间最大梯度量达到 0.95 MPa；沿巷道宽度方向顶板容易发生破断。2 号支架组支护中间顶板位置的应力值和 1 号支架组支护顶板中间位置的应力值相差不大，这说明此时巷道超前段的顶板应力值和巷道端头处的相似。由回采巷道超前支撑力分布可知，2 号超前液压支架组支护顶板范围内出现过度支护，会造成顶板的破坏进而会造成冒顶等危险事故。

5.2.3　试验结果对比分析

超前液压支架群组锚固“二次傅立叶”非等强联合支护和等强联合支护巷道顶板井工试验中稳定支护 10 min 时顶板应力值沿巷道走向方向分布对比如图 5-5 所示。取距工作面端头 0 m、4 m、8 m、12 m 四个位置处两种支护方式下顶板应力值进行对比分析。由图 5-5 可以看出，距工作面端头不同位置处“二次傅立叶”非等强联合支护和等强联合支护应力变化趋势相似，均呈现沿巷道走向方向逐渐减小。在各个位置处“二次傅立叶”非等强联合支护较等强联合支护顶板应力均较小，应力最大差值达到 1.07 MPa 发生在巷道支护前端，因此可以看出使用“二次傅立叶”非等强联合支护巷道顶板相对比等强联合支护巷道顶板沿巷道走向方向能够有效减小顶板的应力值，有效的维护巷道顶板的稳定。

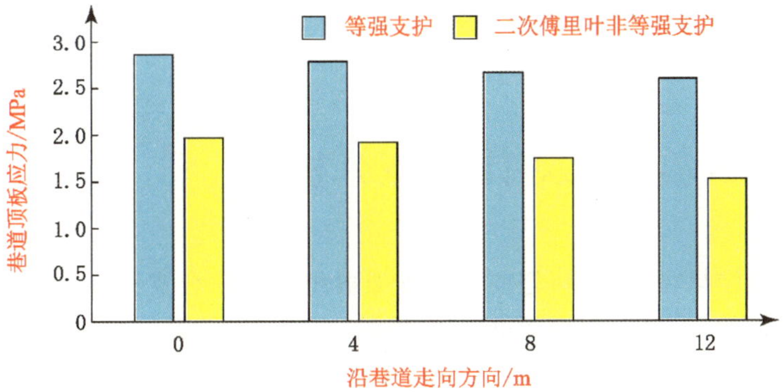

图 5-5　沿巷道走向方向不同端面两种支护方案应力值对比

同时，分别取距工作面端头 0 m、4 m、8 m、12 m 位置处沿巷道宽度方向距工作面煤壁侧 1.5 m、2.5 m、3.5 m 处应力对比如图 5-6 所示。由图 5-6 可以看出，两种支护方案下距工作面端头 0 m 处最大应力差值 0.89 MPa，位于巷道中线位置；距工作面端头 4 m 处最大应力差值 0.86 MPa；距工作面端头 8 m 处应力最大差值 0.91 MPa；距工作面端头 12 m 处最大应力差值 1.07 MPa。由此说明，等强联合支护相对比“二次傅立叶”非等强联合支护对顶板应力值最大将产生 1.07 MPa 的应力差值,所以“二次傅立叶”非等强联合支护时巷道顶板稳定性的维护效果较等强联合支护时的十分显著。

通过井工试验测试顶板应力值分布情况可以看出,“二次傅立叶”非等强联合支护下相对比等强联合支护下巷道顶板的应力值整体较小,且随着支护时间的推移,“二次傅立叶”非等强联合支护对巷道顶板的支护效果比等强联合支护情况下更加明显,验证了超前液压支架群组锚固“二次傅立叶”非等强联合支护对井下巷道顶板维护的有效性。

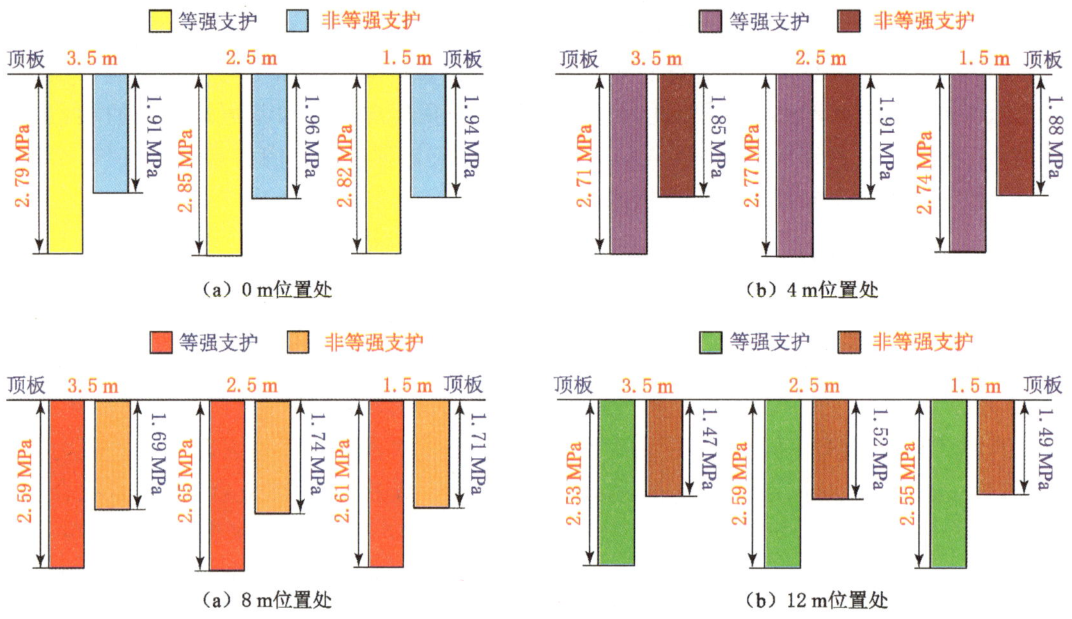

图 5-6 沿巷道宽度方向不同端面两种支护方案应力值分布

5.3 理论与试验结果对比验证分析

通过井工试验结果可以知道,超前液压支架群组锚固联合支护效果如果充分发挥时能够显著的减小顶板的应力值,对巷道顶板的维护十分有利。同时,“二次傅立叶”非等强联合支护过程中顶板应力支护效果相对比等强联合支护效果更为有效。

5.3.1 “二次傅立叶”非等强联合支护结果对比分析

“二次傅立叶”非等强联合支护过程中沿巷道走向方向应力分布井工试验与理论计算结果如图 5-7 所示。由于理论计算过程中边界条件的约束不可避免会造成约束位置处出现计算值的奇异性,因此为了对比的准确性取超前液压支架组支护范围中间位置顶板应力值为对比研究对象,分别取距工作面 0 m、4 m、8 m、12 m 位置处顶板应力值进行对比分析。由图 5-7 可以看出,沿巷道走向方向井工试验获取巷道顶板应力值和理论计算获得巷道顶板应力值变化趋势相似均为逐渐减小趋势。0 m 位置处应力差值为 0.26 MPa、4 m 位置处应力差值为 0.29 MPa、8 m 位置处应力差为 0.25 MPa、12 m 位置处应力差为 0.14 MPa，应力差值较试验测试获得顶板应力值百分比最大 15.2%。综合考虑井下试验环境的复杂性，出现的顶板应力误差百分比为可接受范围，且沿巷道走向方向顶板的应力分布趋势相似，这验证了“二次傅立叶”非等强联合支护理论计算的准确性和实际支护过程中的有效性。

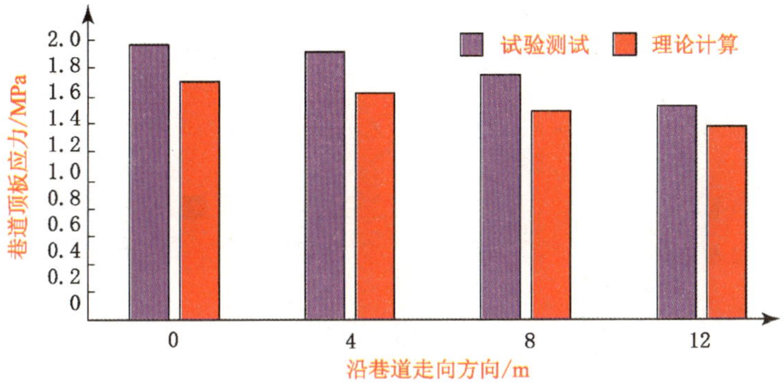

图 5-7 沿巷道走向方向顶板中线应力试验结果与理论结果对比

取巷道宽度方向顶板应力试验结果与理论计算结果对比如图 5-8 所示。取沿巷道走向距工作面端头 0 m、8 m、12 m 截面处距工作面煤柱侧 1.5 m、2.5 m、3.5 m 位置顶板应力为研究对象进行试验结果和理论计算结果对比分析。

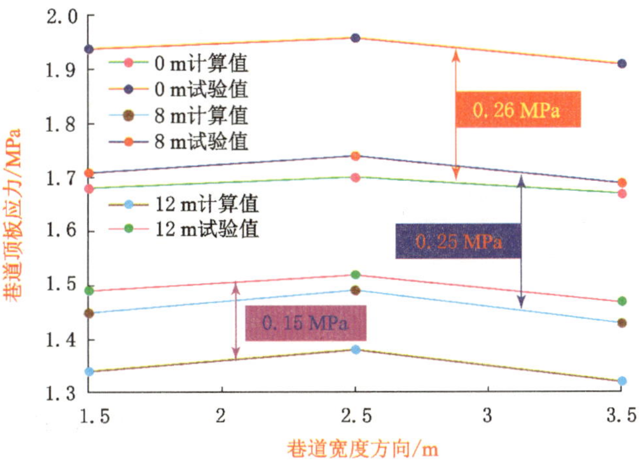

图 5-8 沿巷道宽度方向不同端面应力试验结果与理论结果对比

通过对比不同巷道端面位置处巷道顶板试验测试结果和理论计算结果可以发现，在不同端面处巷道顶板应力试验测试结果和理论计算结果趋势相似均为由工作面煤壁侧到实体煤柱侧先增加后减小(即在顶板的中间位置处应力值最大)。距工作面端头 0 m、8.0 m、12 m 位置处应力最大差值分别为 0.26 MPa、0.25 MPa、0.15 MPa，最大应力差值占实测应力值百分比分别为 13.4%、14.7%、10.2%。根据井下环境的复杂性，试验结果与理论计算误差百分比在可以接受范围内,因此可以验证理论计算结果的准确性。

5.3.2 等强联合支护结果对比分析

等强联合支护过程中沿巷道走向方向应力分布井工试验与理论计算结果如图 5-9 所示。取巷道顶板中线位置处沿巷道走向方向 0 m、4 m、8 m、12 m 位置处顶板应力进行对比分析。沿巷道走向方向 0 m、4 m、8 m、12 m 处顶板应力差值分别为 0.54 MPa、0.26 MPa、0.27 MPa、0.37 MPa,应力差值占试验测试百分比分别为 19%、9.3%、10.2%、14.3%,误差最大发生在工作面端头处。由于理论模型边界条件设置无法完全满足井下实际情况,综合考虑井下试验环境的复杂性,此误差为可以接受范围。

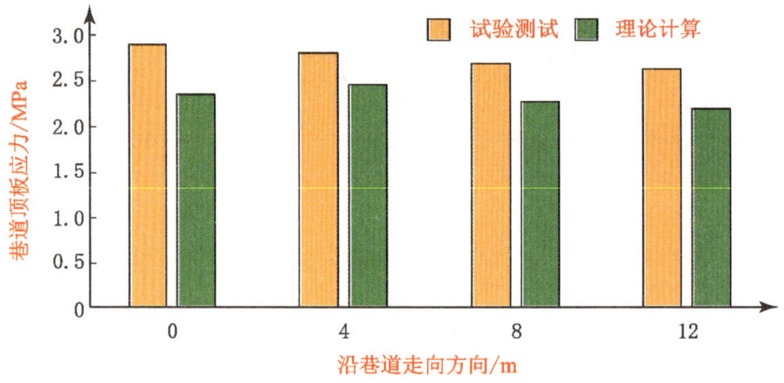

图 5-9 沿巷道走向方向顶板中线应力试验结果与理论结果对比

同时,取巷道宽度方向顶板应力试验结果与理论计算结果对比如图 5-10 所示。取沿巷道走向距工作面端头 0 m、8 m、12 m 位置处端面为研究对象进行试验结果和理论计算结果对比分析。

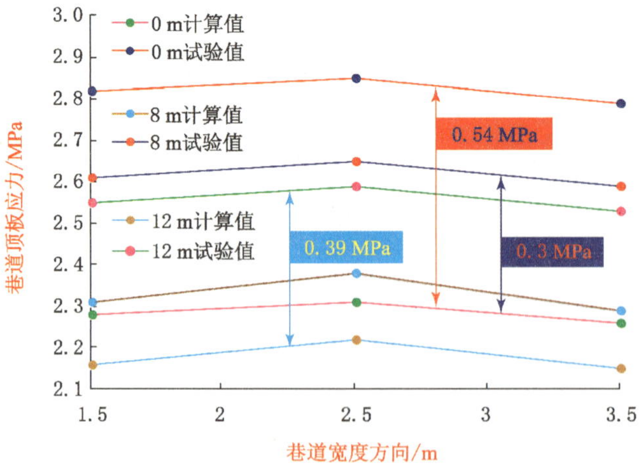

图 5-10 沿巷道宽度方向不同端面应力试验结果与理论结果对比

通过对比巷道不同端面位置处巷道顶板试验测试结果和理论计算结果可以发现，在不同端面处巷道顶板应力试验测试结果和理论计算结果趋势相似均为由工作面端煤柱侧到实体煤柱侧先增加后减小（即在顶板的中心位置处应力值最大）。距工作面端头 0 m、8.0 m、12 m 位置处端面应力误差最大值分别为 0.54 MPa、0.3 MPa、0.39 MPa，最大误差量占试验测试结果百分比分别为 18.9％、11.5％、15.2％。据此可见，最大误差仍发生在工作面端头处。根据井下环境的复杂性，试验结果与理论计算误差百分比在可以接受范围内，因此可以验证理论计算结果的准确性。

通过“二次傅立叶”非等强联合支护井工试验和等强联合支护井工试验验证了采用能量泛函所建立的超前液压支架群组锚固联合支护弹性板力学模型的准确性以及所提出“二次傅立叶”非等强联合支护方案对维护巷道顶板稳定性的合理性和有效性。井工试验数据结果也验证了相似模拟试验获得结果的准确性。因此所提出的超前液压支架群组锚固“二次傅立叶”非等强联合支护方案可为井下巷道顶板完整性的维护提供新的支护工艺。

第 6 章　超前液压支架空间姿态监测技术研究

6.1　超前液压支架空间姿态偏移分析

超前液压支架能够很好支护两巷超前平巷。在正常工况下，超前液压支架应处于理想的支护状态，但在实际开采过程中，由于巷道围岩变形的影响，超前液压支架在支护以及移架过程中，会存在不同的位姿偏移情况，从而影响支护效果。

随着开采深度的增加，相邻的平巷巷道应力不断增大，巷道底板出现底鼓、下沉等围岩变形，使超前液压支架在工作过程中会处于非正常支护位姿。同时，处于非正常支护位姿的支架反复撑顶，会造成巷道顶板和围岩发生形变，严重时会造成巷道塌方，引发安全事故。

6.1.1　单个超前液压支架位姿偏移分析

(1) 底座处于水平状态

在超前液压支架支护过程中，在理想状态下，底座应紧挨巷道底板，同时，顶梁也应尽量贴合巷道顶板。此时，底板若无形变产生，则底座仍可处于水平姿态，而在实际工况中顶梁与围岩间存在耦合作用关系，会导致顶板发生围岩变形，使顶梁呈现"水平"、"抬头"和"低头"三种姿态，如图 6-1 所示。

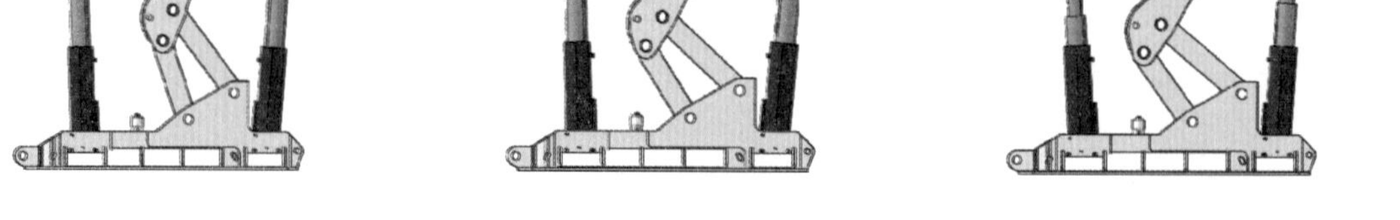

(a) 理想支护姿态　(b) 底座水平且顶梁抬头　(c) 底座水平且顶梁低头

图 6-1　巷道底板水平时超前液压支架的三种姿态

(2) 底座处于低头姿态

在超前液压支架支护过程中，由于支架与巷道围岩存在耦合作用，导致巷道底板发生下沉，超前液压支架沿其推进方向呈现“低头”姿态；此时，顶梁仍会呈现“水平”、“抬头”和“低头”三种姿态，如图 6-2 所示。

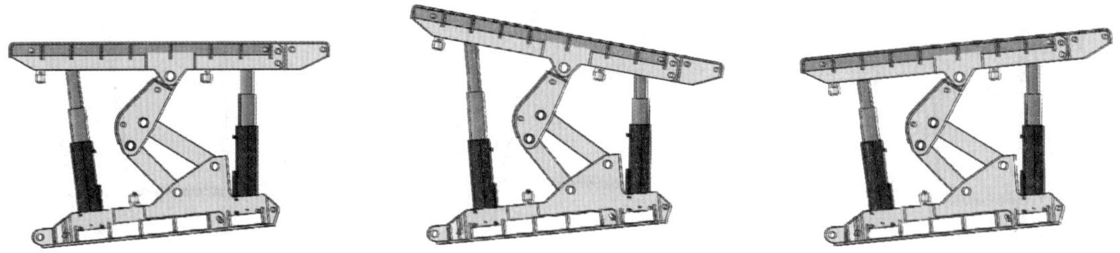

(a) 底座低头且顶梁水平　(b) 底座低头且顶梁抬头　(c) 底座低头且顶梁低头

图 6-2　巷道底板下沉时超前液压支架的三种姿态

(3) 底座处于抬头姿态

在超前液压支架支护过程中，由于支架与巷道围岩存在耦合作用，导致巷道底板产生底鼓，超前液压支架沿其推进方向呈现“抬头”姿态；此时，顶梁仍会呈现“水平”、“抬头”和“低头”三种姿态，如图 6-3 所示。

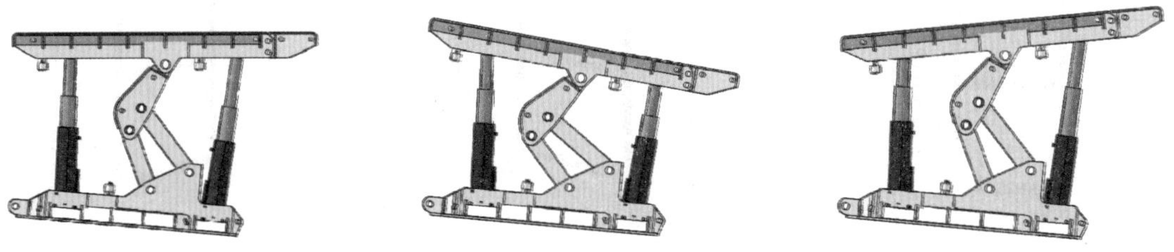

(a) 底座抬头且顶梁水平　(b) 底座抬头且顶梁抬头　(c) 底座抬头且顶梁低头

图 6-3　巷道底板鼓起时超前液压支架的三种姿态

6.1.2　超前液压支架组位姿偏移分析

(1) 左右偏移

在超前液压支架支护过程中，由于巷道两侧围岩产生变形，超前液压支架需要通过平衡油缸的收缩，使其与巷道两帮保持安全距离；此时超前液压支架间距会逐渐缩小，发生左右偏移(见图 6-4)，需要及时调整其行进角度。若未及时调整超前液压支架行进角度，则超前液压支架会碰撞挤压，造成其损坏。

(2) 前后间距偏移

在超前液压支架支护过程中，由于巷道底板情况复杂多变以及推移时液压油缸行程影响，超前液压支架处于同一平面但存在前后偏移(见图 6-5)，需要及时调整推移油缸的推移量，使超前液压支架在一条直线上，否则影响支护效果。

(a) 理想支护状态　　(b) 非理想支护状态(左偏)　　(c) 非理想支护状态(右偏)

图 6-4　超前液压支架组的左右偏移

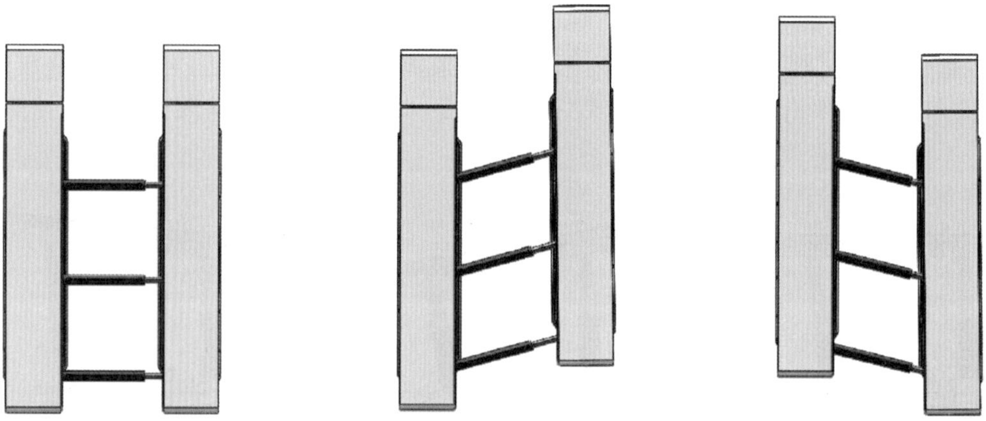

(a) 理想支护状态　　(b) 非理想支护状态(前移)　　(c) 非理想支护状态(后移)

图 6-5　超前液压支架组的前后偏移

(3) 上下偏移

在超前液压支架支护过程中,由于巷道底板或顶板产生局部变形,超前液压支架发生向左或向右倾斜(见图 6-6),此时会影响超前液压支架支护稳定性,若偏差角度过大,则会导致超前液压支架倾倒。

受综采工作面开采过程的影响,在实际的巷道超前支护系统中存在多种类型的巷道围岩变形情况,导致超前液压支架在工作过程中会出现以上多种情况的位姿偏移,此时,超前液压支架处于非正常支护状态,若不及时调整支护姿态,会降低超前液压支架的支护效果,甚至会损害架体本身的结构刚性,破坏巷道的支护系统,造成安全事故。因此,需要分析超前液压支架工作过程中的位姿情况,借助数学模型以及外部传感器的测量结果,精确计算出超前液压支架在所处巷道中的位姿情况,为超前液压支架的位姿监测及纠偏控制提供精准的位姿数据。

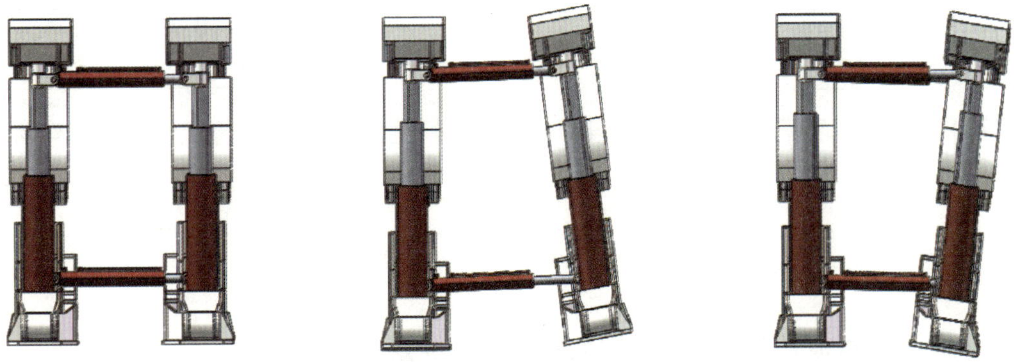

（a）理想支护状态　（b）非理想支护状态（左倾）　（c）非理想支护状态（右倾）

图 6-6　超前液压支架组的上下偏移

6.2　超前液压支架位姿监测方法设计

超前液压支架所处的两巷超前平巷的环境恶劣且地形复杂，超前支护时承受持续的冲击、振动、粉尘等干扰，导致单一传感器在位姿测量方面存在测量误差较大、测量不够全面等问题。为了实现超前液压支架位姿的精确感知，本章在了解姿态传感器和测距传感器的测量基础上，利用卡尔曼滤波算法、自适应加权融合算法对多传感器数据信息进行融合，实现位姿的精确解算，提高位姿感知精度。同时，建立位姿预测模型，实现对超前液压支架位姿的短时预测，提高位姿监测系统的实时性，为实现超前液压支架的主动预警和位姿纠偏提供思路。

6.2.1　超前液压支架位姿监测方案

首先通过超声波测距传感器测得超前液压支架与两侧巷道围岩的间距，再通过九轴姿态传感器测得超前液压支架顶梁、底座、后连杆及平衡油缸的姿态数据，但单一传感器存在测量误差的缺陷，测量数据可靠性低。因此本章提出一种基于多传感器信息融合的位姿监测方法，通过合理布置超声波测距传感器，减少探测盲区，测出更加精确的相对位置数据，通过控制系统使超前液压支架与巷道两侧始终保持安全支护距离，再使用九轴姿态传感器将超前液压支架与巷道间的相对位置关系转换成角度数据，并利用卡尔曼滤波算法将姿态传感器各轴的角度数据进行融合滤波，将传感器中同轴姿态数据进行自适应加权融合，求解更加精确的超前液压支架位姿数据。以优化后的数据为样本数据，搭建位姿预测模型，通过位姿预测模型可以提前预测超前液压支架的下一周期的位姿信息，并根据预测信息进行调整，保证超前液压支架始终处于合理的位姿，使超前液压支架可以持续安全可靠的工作。超前液压支架的位姿监测方案如图 6-7 所示。

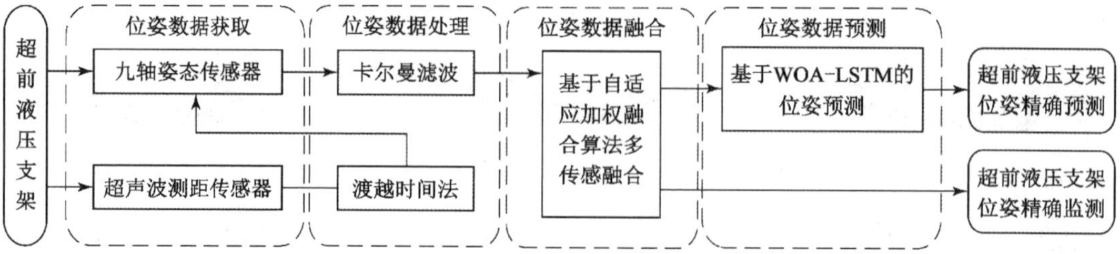

图 6-7　超前液压支架位姿监测方案

6.2.2　基于超声波测距的超前液压支架相对位置监测

6.2.2.1　超声波测距传感器测距原理

超声波测距传感器的选型结合实际应用场景中测量范围、测量精度、测量环境以及信号的输出方式等多方面因素考虑，选用 US1000-G16-U-M12.1 型超声波测距传感器。

6.2.2.2　基于超声波测距的支架相对位置分析

超前液压支架与巷道两帮的安全距离应始终保持 50 cm，即 $h=50$ cm，才能保证支架在巷道产生大变形时保持较好的支护效果。若巷道围岩变形程度超过 50 cm，则巷道可能会存在一定安全隐患，需进一步研究。故本章讨论的超前液压支架的相对位置监测主要监测范围是围岩变形在 0～50 cm 之间，在超前液压支架支护或移架过程中，架体上安装的超声波测距传感器开始发射、接收信号。超前液压支架在巷道中的相对位置示意图如图 6-8 所示。

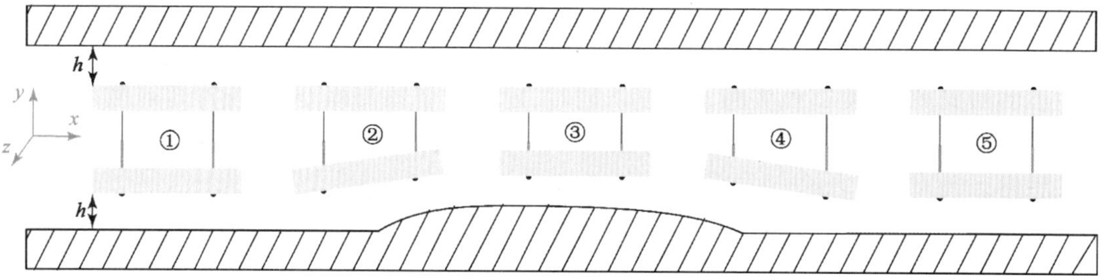

图 6-8　超前液压支架在巷道中的相对位置示意图

如图 6-8 所示，超前液压支架沿 x 轴正半轴方向移架，当超前液压支架处于图中①状态时，此时超前液压支架的偏航角未发生变化。

当超前液压支架处于图中②状态时，超前液压支架端头超声波测距传感器所测支架与围岩的间距小于 h，平衡油缸收缩，使超前液压支架端头位置与巷道保持 h 间距，此时超前液压支架沿 z 轴产生逆时针旋转，产生偏航角。

当超前液压支架处于图中③状态时，超前液压支架端头与端尾超声波测距传感器所测支架与围岩的间距均为 h，此时超前液压支架沿 x 轴水平方向移架，未产生偏航角。

当超前液压支架处于图中④状态时，超前液压支架端尾超声波测距传感器所测支架与围岩的间距小于 h，平衡油缸伸长，使超前液压支架端头位置与巷道保持 h 间距，此时超前

液压支架沿 z 轴产生顺时针旋转，产生偏航角。

当超前液压支架处于图中⑤状态时，超前液压支架端头与端尾超声波测距传感器所测支架与围岩的间距均为 h，此时超前液压支架通过巷道围岩变形部分，继续沿 x 轴水平方向移架，未产生偏航角。

综上所述，基于超声波测距的超前液压支架相对位姿监测，借助支架与巷道间距需始终保持安全距离，可以将超前液压支架与巷道间的相对距离信息转化为支架的航向角信息，为姿态测量提供数据支撑，使超前液压支架始终处于一个安全支护状态，大大提高了超前液压支架的支护效率。

6.2.3　基于九轴姿态传感器的姿态数据融合

姿态传感器选用 HWT905-CAN 型倾角传感器。

6.2.3.1　基于卡尔曼滤波算法的姿态数据融合

卡尔曼滤波算法是基于时域范围内的线性滤波方法，无需对信号进行时域和频域的相互转换，能够对离散信号进行简单高效的线性滤波。基于九轴姿态传感器所采集的姿态数据展开研究，利用卡尔曼滤波算法融合各轴姿态数据，达到姿态角度的最优估计。超前液压支架姿态角感知可近似认为是线性系统。因此，建立系统的状态方程和观测方程。

（1）状态方程

$$X(k+1)=\boldsymbol{A}X(k)+\boldsymbol{B}U(k)+W(k) \tag{6-1}$$

（2）观测方程

$$Z(k)=\boldsymbol{H}X(k)+V(k) \tag{6-2}$$

式中　$X(k)$——k 时刻的状态向量；

$X(k+1)$——$k+1$ 时刻的状态向量；

$U(k)$——k 时刻线性系统的输入信号；

$V(k)$，$W(k)$——采集过程中的测量噪声和过程噪声，其中二者的协方差可表示为 $P(k)$、$Q(k)$；

$\boldsymbol{A}$——状态转移矩阵；

$\boldsymbol{B}$——状态输入矩阵；

$\boldsymbol{H}$——观测矩阵。

6.2.3.2　卡尔曼滤波算法步骤

首先通过九轴姿态传感器完成数据采集，将陀螺仪采集的初始姿态角作为估计值，使用加速度计和磁力计依次对采集的数据进行计算，再将解算的结果结合得到姿态角度，将其视为观测值，不断修正误差协方差，从而得到最优的姿态估计值，在计算过程中，可实现各传感器之间的优势互补，提高了姿态数据的测量精度，减少了过程噪声误差以及测量噪声误差。

6.2.3.3　试验仿真验证

为了验证卡尔曼滤波算法的有效性，使用 HWT905-CAN 九轴姿态传感器采集顶梁和底座的位姿数据。在采集过程中敲击顶梁，产生振动效果。采集频率为 10 Hz。每组姿态角度采集 600 个数据。在 MATLAB 中搭建卡尔曼滤波算法模型并导入采集的姿态数据，通过仿真试验来验证该算法的滤波效果。滤波前后底座和顶梁姿态角如图 6-9 所示。

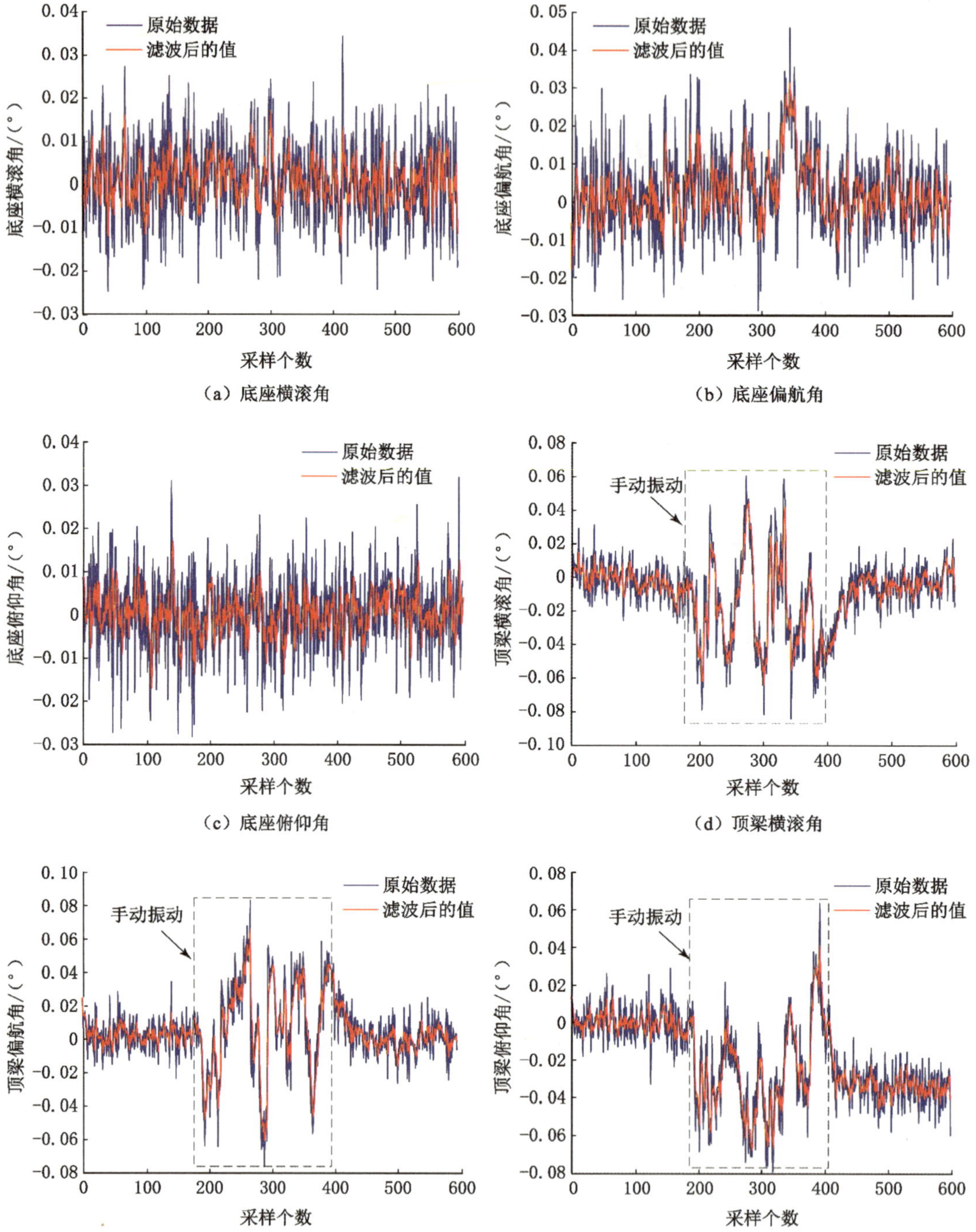

(a) 底座横滚角　(b) 底座偏航角

(c) 底座俯仰角　(d) 顶梁横滚角

(e) 顶梁偏航角　(f) 顶梁俯仰角

图 6-9　滤波前后底座和顶梁姿态角

在采集数据过程中，姿态传感器易受噪声干扰，原始数据存在振荡现象。当敲击超前液压支架顶梁时，振动信号产生，导致输出角度波动较大。而使用卡尔曼滤波算法对姿态数据进行融合，能够明显抑制振荡，使振动信号振幅减小。由此可以证明，卡尔曼滤波算法减小了传感器的采集数据噪声，明显提高了姿态数据的信噪比，减少了累计误差，进一步提高了姿态的感知精度。

6.2.3.4　基于自适应加权算法的姿态数据融合

(1) 自适应加权算法原理

在超前液压支架支护过程中，因为巷道底板与顶梁的变形程度不同，所以前后立柱支护高度不同。并且顶梁和底板具有不同的俯仰角。横滚角和偏航角在理论上应具有相同的角度，但在实际过程中因振动等外界情况影响，同一超前液压支架中顶梁和底座上的姿态传感器所测量的横滚角和偏航角存在一定偏差。为了避免这种偏差，以卡尔曼滤波算法处理得到顶梁和底座上传感器的横滚角、偏航角数据作为样本，根据总方差最小原则，自适应求解各传感器对应的权重，对偏航角、横滚角数据进行融合，获得最优的姿态角度融合数据。

(2) 自适应加权融合算法步骤

将超前液压支架顶梁和底座同轴姿态数据经过卡尔曼滤波算法处理后进行自适应加权融合，其算法流程如图 6-10 所示。

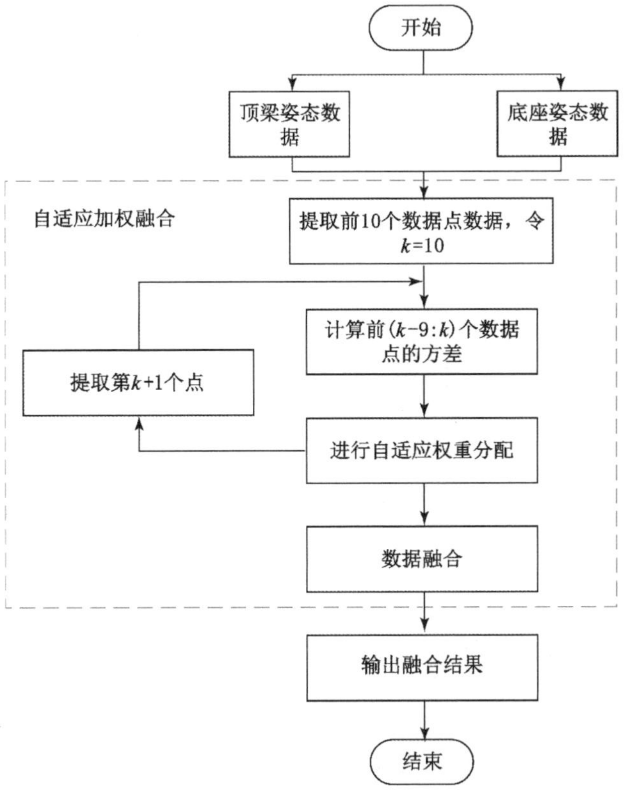

图 6-10　自适应加权融合算法流程

(3) 试验仿真验证

基于超前液压支架多传感同轴数据进行自适应加权融合仿真试验。以横滚角和偏航角为例,将同轴数据经卡尔曼滤波算法处理后导入 MATLAB 中,比较自适应加权融合结果和传感器实际测量结果,检验该算法是否达到超前液压支架位姿态测的精度要求。底座和顶梁姿态角自适应加权融合结果如图 6-11 所示。

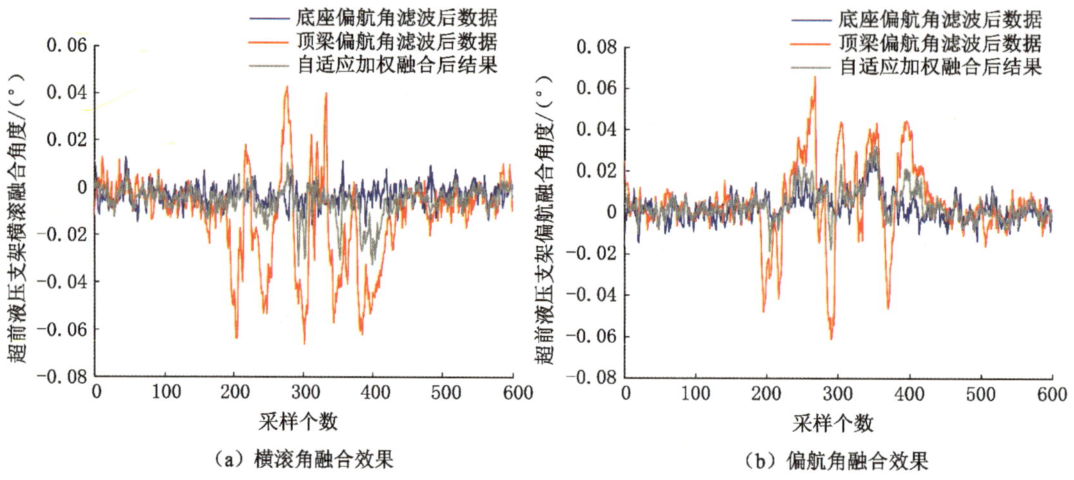

图 6-11　底座和顶梁姿态角自适应加权融合结果

如图 6-11 所示,在相对静止状态下,经自适应加权融合后的超前液压支架姿态数据噪声误差明显降低。其中,超前液压支架的横滚角融合结果的最大误差为0.024 3°,最小误差为0.001 6°,平均绝对误差为0.004 8°;超前液压支架的偏航角融合结果的最大误差为0.027 6°,最小误差为0.001 2°,平均绝对误差为0.004 7°。仿真试验结果表明,自适应加权融合后的超前液压支架姿态数据更加精确,其精度满足要求。

6.3　超前液压支架位姿监测系统设计

国内超前液压支架自动化程度较低。超前液压支架位姿监测大多数为人工配合传感器进行监测。工作人员凭借对当前环境地形判断以及相关从业经验,控制超前液压支架完成升架、降架以及移架等操作,这导致超前液压支架的支护质量无法得到保证。并且工作人员无法及时随地形变化对超前液压支架做出相应的控制时,会出现超前液压支架会出现一定程度过载荷,从而影响超前液压支架的结构刚性和支护效率。借助支架感知巷道信息,使超前液压支架做出合适的调整,实现超前液压支架实时位姿信息监测和位姿调整是解决这些问题的关键。为了提高超前液压支架的支护效率和支护可靠性,本章分别对监测系统中主控模块、传感器数据采集模块和控制执行模块三部分的硬件和软件进行设计,并开发基于 LabVIEW 软件的上位机操作平台,实现超前液压支架位姿监测和位姿调整。

6.3.1　超前液压支架位姿监测系统总体设计

超前液压支架的位姿监测和位姿调整指通过监测系统对超前液压支架非理想支护位姿进行预警和解算，超前液压支架的执行机构根据解算后的位姿参数完成相应角度及位置调整，以达到最优支护的目的。超前液压支架位姿监测系统主要包括主控模块、姿态采集模块、人机交互模块等，如图 6-12 所示。

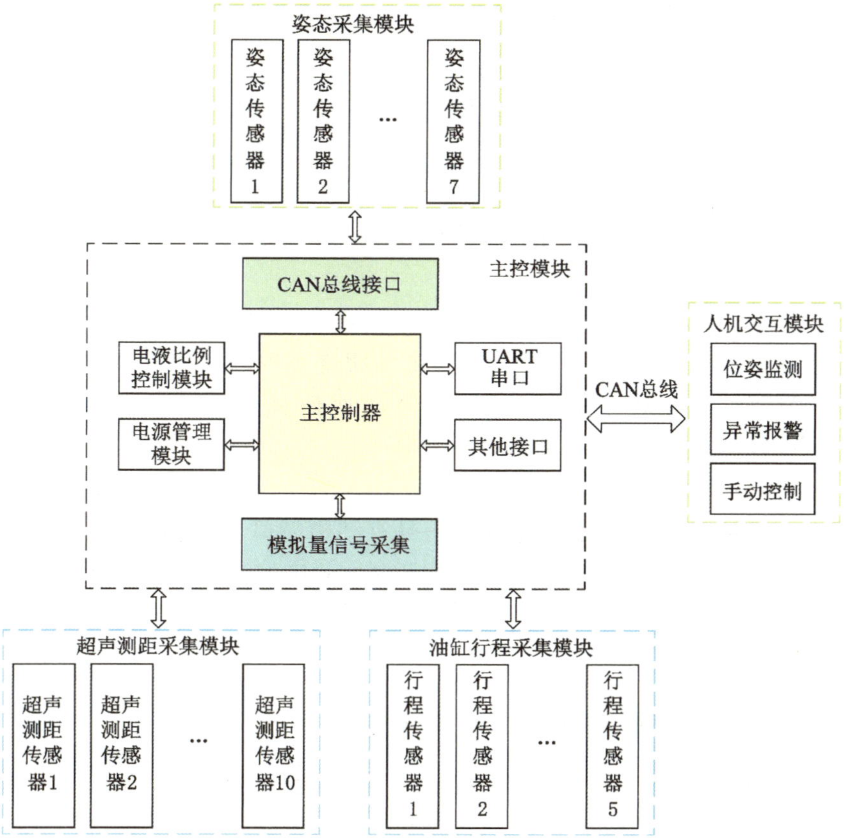

图 6-12　超前液压支架控制系统结构框图

如图 6-12 所示，其中传感器采集模块包括姿态采集模块、超声测距采集模块和油缸行程采集模块，主要负责位姿传感器的数据读取和处理，姿态传感器和超声波测距传感器可以精准感知超前液压支架实时位姿，避免与巷道发生碰撞，提高支护效率，油缸行程传感器用于测量超前液压支架运动控制的位移量。控制模块主要将各传感器采集的信息送入位姿监测模型解算，并通过电液比例阀控制各油缸、立柱及四连杆实现纠偏控制，从而实现超前液压支架实时位姿监测和位姿纠偏功能。人机交互模块是基于 LabVIEW 搭建位姿监测实时显示界面，用于实时显示超前液压支架的运行状态和支护过程中的位姿调试。

6.3.2 超前液压支架位姿监测系统硬件设计

(1) 主控制器选型

主控器的主要功能应包括:读取超声波测距传感器、姿态传感器和油缸行程传感器信号,利用所研究的算法对位姿数据进行滤波融合和预测,通过超前液压支架位姿监测模型计算关键节点的位姿参数,最后通过控制液压油缸和液压马达实现位姿调整。经过综合考虑选择德州仪器公司的 TMS320F28375D 芯片作为主控制器。

TMS320F28375D 内部资源十分丰富,可以满足超前液压支架的控制需求。但在开发过程中需要根据超前液压支架保护电路进行补充,在芯片外部增加一些电容、电阻和晶振等外围保护电路,与主控芯片组成控制系统的主控电路。

(2) 模数转换器选型

所采用的超声波测距传感器和油缸行程传感器均是模拟量输出传感器,因此需要设计模数转换器对模拟信号进行模数转换。选用 ADS8688IDBT 芯片作为转换芯片。

(3) CAN 总线通信电路

使用 CAN 总线作为模数转换器输出的数字信号采集和调试通信接口,分别利用 CAN 总线读取相应倾角传感器的信号和控制器与电脑相连实现调试功能。选用 ISO1050DWR 作为 CAN 收发器。为了提高通信的稳定性,在通信总线上并联了 1 个 TVS 二极管(SM712),避免静电放电等引起的浪涌脉冲影响。

(4) PWM 电液比例阀控制电路

电液比例阀是控制液压油缸的关键器件,具有结构简单、安装灵活等特点,可以实现液压油缸连续、高精度的运动。通过 PWM 脉宽调制方式来控制电液比例阀,运用 PWM 控制输出的是数字信号,所以在传输的过程中能够极大的降低噪音对控制信号的影响,适合在环境恶劣的平巷巷道中使用。

6.3.3 超前液压支架位姿监测系统软件设计

为了使整个超前液压支架位姿监测系统可以正常运行,本节对位姿监测系统软件部分进行设计,包括模拟信号采集、姿态测量、位姿纠偏和人机交互四部分模块的软件设计。

6.3.3.1 模拟信号采集模块软件设计

要实现超前液压支架位姿监测系统的实时控制,需要对支架与巷道的间距和油缸的伸缩量进行实时反馈,分别利用超声波测距传感器和油缸内置的油缸行程传感器数据进行采集,同时在采集信号的过程中需要进行模数转换。其程序流程如图 6-13 所示。

当开始采集传感器的模拟量信号时,需要先对系统进行初始化,然后开启数据采集,选通 SPI 接口,采集多通道模拟量数据,判断是否采集完成,若采集完成,即可得到相应的电压模拟量信号,通过 A/D 转换公式,计算得出所求数字量信号,将其存入相应的内存区域,完成数据采集。

6.3.3.2 姿态测量模块软件设计

姿态传感器与主控制器间的姿态数据传输采用 CAN 总线的通讯方式,具有可靠性高、实时性高以及传输灵活的特点。在使用 CAN 总线对姿态传感器和主控制器进行姿态数据

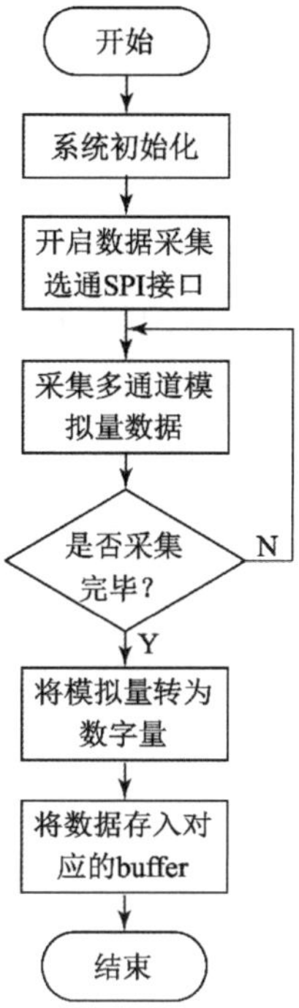

图 6-13　模拟信号采集流程

传输的过程中，主要包括 CAN 总线初始化、CAN 数据发送和 CAN 数据读取三个过程。姿态测量模块 CAN 总线的数据收发流程如图 6-14 所示。

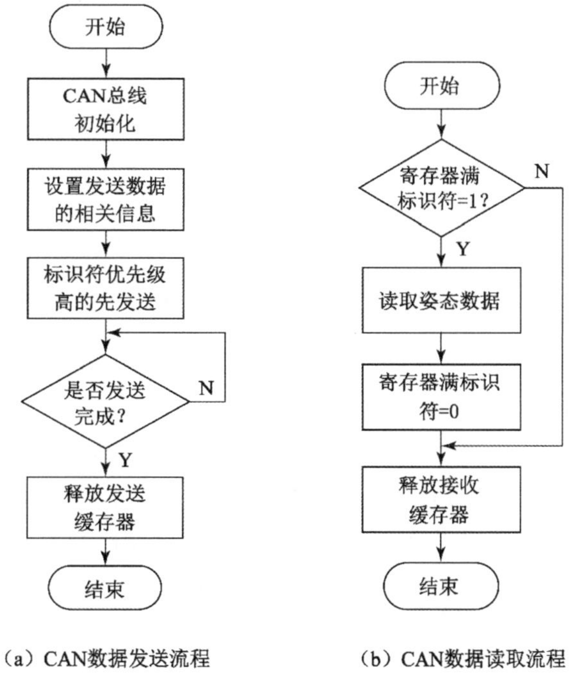

图 6-14　CAN 数据收发程序流程

首先在控制器中分别定义姿态数据的发送缓存区和接收缓存区的地址。发送姿态数据时，将姿态传感器采集的姿态数据写入传感器的发送缓存区，根据设备地址的优先级顺序向主机发送姿态数据，并判断是否发送完成，若发送完成，则释放传感器的发送缓存区，完成数据发送。

接收姿态数据时，首先判断设备的接收缓存区是否存有姿态数据，即接收寄存器的满标识符是否等于1，若等于1，则读取姿态数据，令接收寄存器的满标识符等于0，完成数据读取，释放接收寄存器。

6.3.3.3 位姿纠偏模块软件设计

位姿纠偏是根据控制器计算的位姿数据，发送控制命令，控制超前液压支架各执行机构调整当前位姿，使超前液压支架始终处于正常的支护姿态，提高巷道支护系统的稳定性，超前液压支架位姿纠偏程序流程如图 6-15 所示。

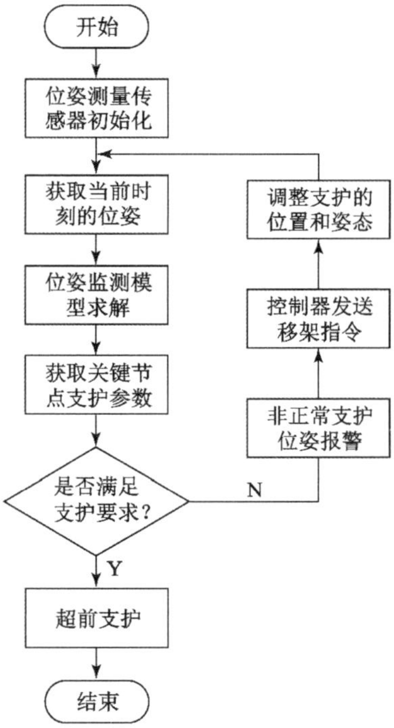

图 6-15　位姿纠偏程序流程

在进行超前液压支架位姿纠偏过程中，首先要设置立柱、油缸的伸缩阈值和单组超前液压支架的偏转角度阈值，通过位姿传感器获取当前时刻的测量位姿，利用所建立的位姿模型求解超前液压支架的关键节点的位姿参数，判断支架距离巷道两帮的间距、执行机构伸缩长度以及支架间的偏航角度是否满足支护要求，若不满足支护要求，则认为是非正常支护位姿，监测系统发出非正常支护位姿报警，通过控制器发送移架指令，调整超前液压支架的支护位置和支护姿态，直到满足正常支护要求，完成超前液压支架的位姿纠偏。

6.3.3.4　人机交互模块软件设计

基于对超前液压支架位姿监测系统的需求分析，设计了位姿监测人机交互平台，主要功能是进一步整理采集到的位姿监测数据，通过简单明了的上位机界面为煤矿工人提供更加直观的超前液压支架位姿信息。超前液压支架位姿监测平台利用 LabVIEW 软件平台开发，该系统可以实现超前液压支架位姿信息的实时显示、手动控制的功能。

（1）位姿监测模块

该模块主要是对超前液压支架所有支架的位置和姿态数据及融合算法、预测算法计算出的姿态数据进行实时显示，完成对顶梁、底座、后连杆的倾角和整体支架与巷道安全距离的有效监测，将超前液压支架与巷道两帮的最小安全间距设为 500 mm，支架顶梁和底座的横滚角、俯仰角以及偏航角最大倾斜角度设为 20°，当监测的超前液压支架位姿不符合支护要求时，该模块会对异常姿态进行报警处理。该模块的显示界面如图 6-16 所示。

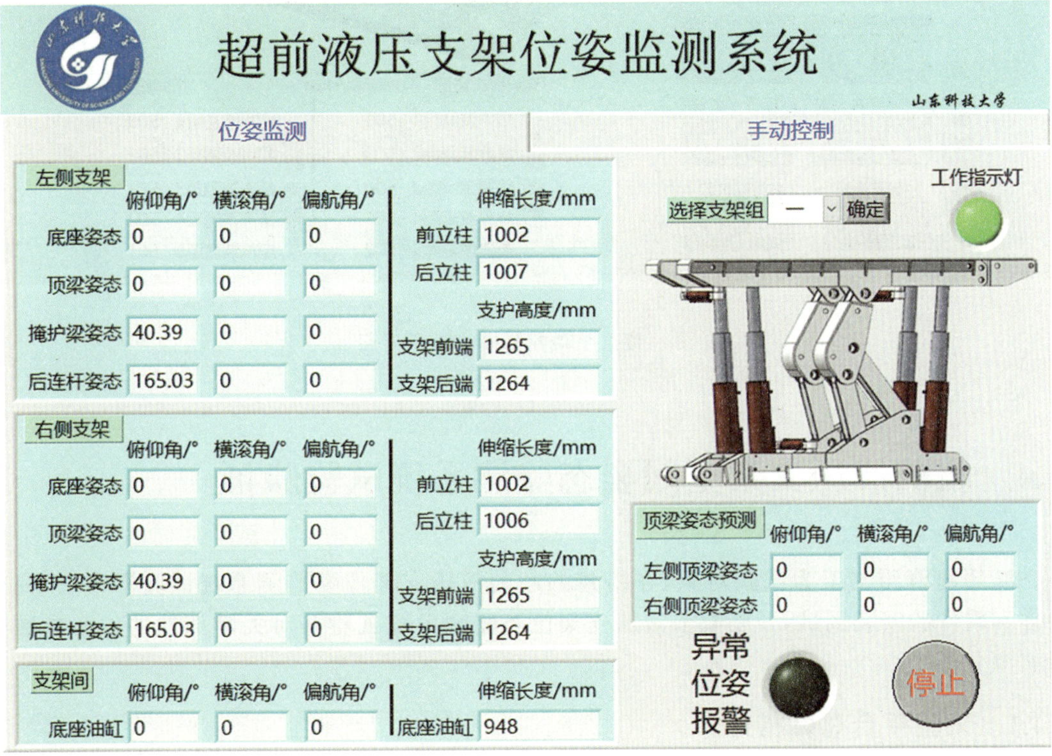

图 6-16　位姿监测模块显示界面

（2）手动控制模块

井下巷道环境类型复杂，支架支护位姿各有不同。为了提高位姿监测系统的普适性，在人机交互模块中加入手动控制功能。手动控制模块显示界面如图 6-17 所示。当超前液压支架在支护过程中发出位姿异常报警，操作人员将自动模式修改为手动模式，通过调节各构件升降或伸缩，将超前液压支架调整为安全支护姿态，使支架的安全运行得到有力保障。

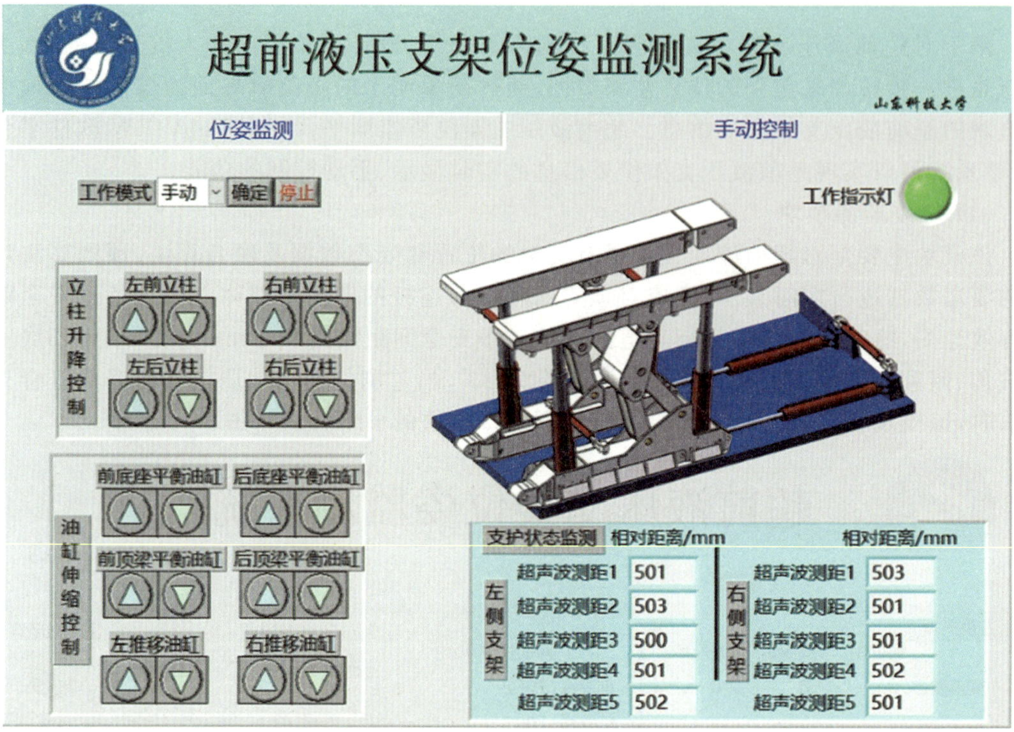

图 6-17　手动控制模块显示界面

6.4　超前液压支架空间姿态监测系统试验验证

以超前液压支架为试验对象，在搭建的超前液压支架位姿监测系统试验平台上，完成硬件和软件的安装调试，开展超前液压支架位姿监测系统试验并对关键部件的位姿参数进行实测分析。

6.4.1　试验平台总体搭建

(1) 试验平台总体结构

本试验中所用的超前液压支架样机为山东科技大学机器人中心自主研制，型号为ZQ6000/10/20，最大支护高度为 2 m，最小支护高度为 1 m，最大支护宽度为 2 m，试验平台总长度为 4.5 m。在山东科技大学机器人中心搭建超前液压支架位姿监测试验平台，该平台能够模拟超前液压支架在巷道内的实际工况，完成超前液压支架升架、降架、移架等动作。试验平台实物图如图 6-18 所示，根据各部分的分工不同将其主要分为超前支护现场、平巷控制中心和远程监控中心三个部分。

试验通过运用研究的位姿监测模型、位姿监测方法以及监测系统软件和硬件设计，得到超前液压支架工作过程中的实际支护参数和上位机监测参数，并将两种参数进行对比，

图 6-18　超前液压支架试验系统总体结构

验证所提出的基于多传感信息融合的超前液压支架位姿监测系统的可行性。

(2) 超前支护现场

工作面超前支护现场包括超前液压支架、位姿传感器、试验模拟巷道三部分，首先将姿态采集传感器安装在支架顶梁、底座和平衡油缸上，用于采集相应位置的姿态信息，将超声波测距传感器安装在顶梁两端、底座两端和掩护梁下端，用于采集支架与巷道两帮的间距，油缸行程传感器选用内置式传感器，用于采集油缸伸缩长度。在安装姿态传感器时应将传感器表面尽量与支架表面贴合，尽量避免空隙，且传感器的安装方向与位姿监测模型中所表示的方向一致。位姿监测传感器的具体布置位置如图 6-19 所示。

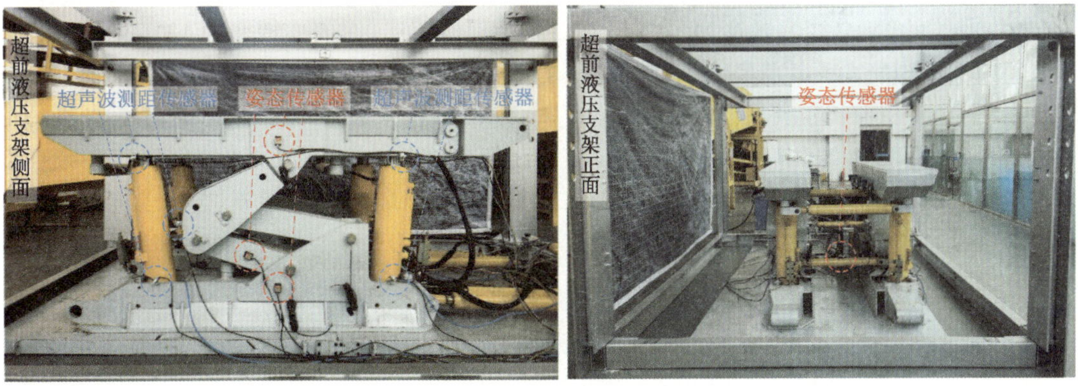

(a)　　(b)

图 6-19　位姿监测传感器布置

在完成位姿传感器布置后，可通过试验模拟巷道使巷道两帮产生围岩变形，同时，控制超前液压支架完成升架、降架和推移动作，开展超前液压支架位姿监测验证试验。

(3) 平巷控制中心

平巷控制中心包括超前液压支架控制器以及乳化液泵站。如图 6-20 所示，控制器采用四层工艺制作，使用车规级芯片，耐温范围大，抗震能力强。为满足矿用电气设备防爆要求，控制器与各种传感器等外设均采用防爆插头相接。控制器用于对位姿监测数据的采集和处理，将位姿监测信息发送给远程监控中心，并接收上位机发出的推移指令控制支架完成相应的动作。乳化液泵站为超前液压支架提供动力，其电机输入电压为 380 V，最高可提供 31.5 MPa 的高压乳化液。

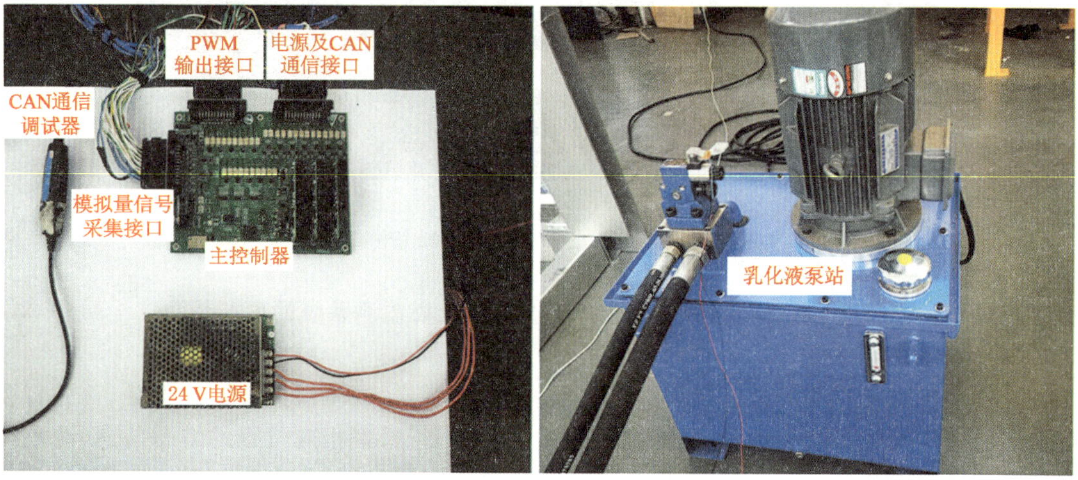

图 6-20　平巷控制中心

(4) 远程监控中心

超前液压支架的远程监控中心为 LabVIEW 制作的人机交互模块，采用 CAN 总线通信方式，通过 CAN 总线调试器远程监控中心与控制器相连，通信波特率为 1MB/S。远程监控部分用于监视整个巷道支护的运行情况，能够远程监测超前液压支架的位姿参数、运行状态等，并能根据监测位姿情况进行手动控制，方便工作人员及时掌握超前液压支架的工作状态，远程监控中心如图 6-21 所示。该监控中心能够接收控制器发送的位姿监测数据以及顶梁姿态角度的预测数据，进行实时显示，当顶梁姿态数据出现异常时，报警指示灯亮，工作人员可将界面切换至手动控制，调整超前液压支架的非正常支护位姿，提高了超前液压支架的支护可靠性。

6.4.2 超前液压支架位姿监测试验方案及结果分析

试验将从单组超前液压支架的升降和超前液压支架组间的推移两方面位姿变化展开，通过对比超前液压支架运动状态下实际测量的真实位姿参数以及经过算法优化、模型计算后的监测位姿参数，验证所提方法在实际工况下的可行性。

(1) 单组超前液压支架升降过程位姿监测试验

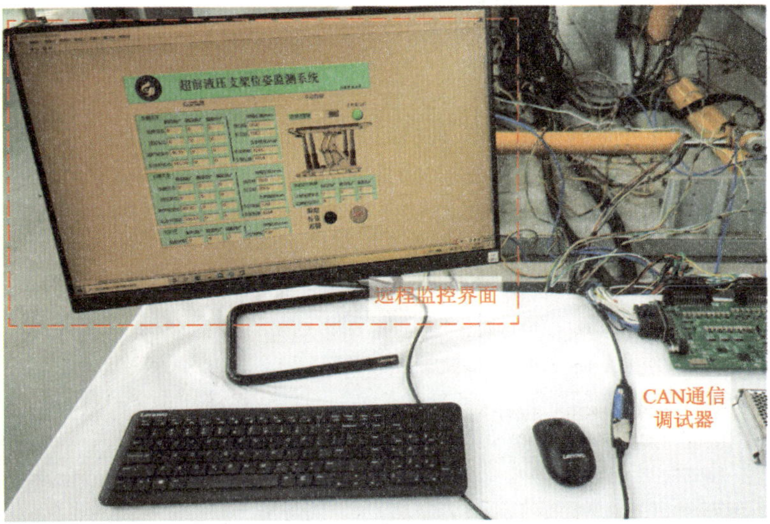

图 6-21　远程监控中心

在试验过程中，分别在支架前后两端安装超声波测距传感器用来监测顶梁测量点与试验平台底板的距离，操纵上位机进行手动控制，将支架由最低高度上升至最高高度，支架全部升起后，再由最高高度下降到最低高度，重复超前液压支架的升降过程，使超前液压支架位姿监测系统连续运行一段时间。超前液压支架升降过程如图 6-22 所示。

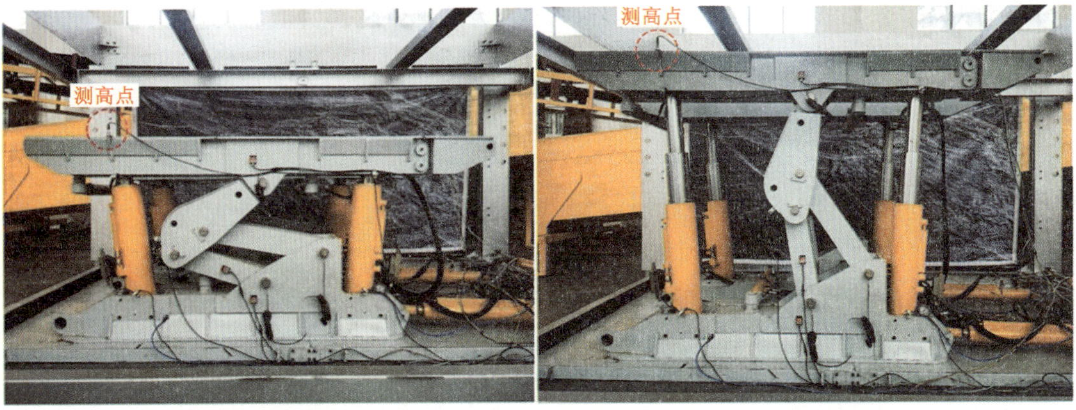

（a）超前液压支架最低高度　　（b）超前液压支架最高高度

图 6-22　超前液压支架升降过程

单组超前液压支架位姿监测模块运行效果如图 6-23 所示。数据采集完成后，通过上位机将监测数据导出为 Excel 表格，将其与主控器采集的实际测量值进行对比，验证了单组支架位姿监测方法的可行性。

通过对比超前液压支架顶梁俯仰角、底座俯仰角、顶梁前端支护高度和顶梁后端支护高度，来对监测方法进行验证。在进行试验过程中，通过上位机将试验过程中监测的数据进行导出，随机选择一组升降架过程中超前液压支架前端支护高度和顶梁俯仰角数据，验

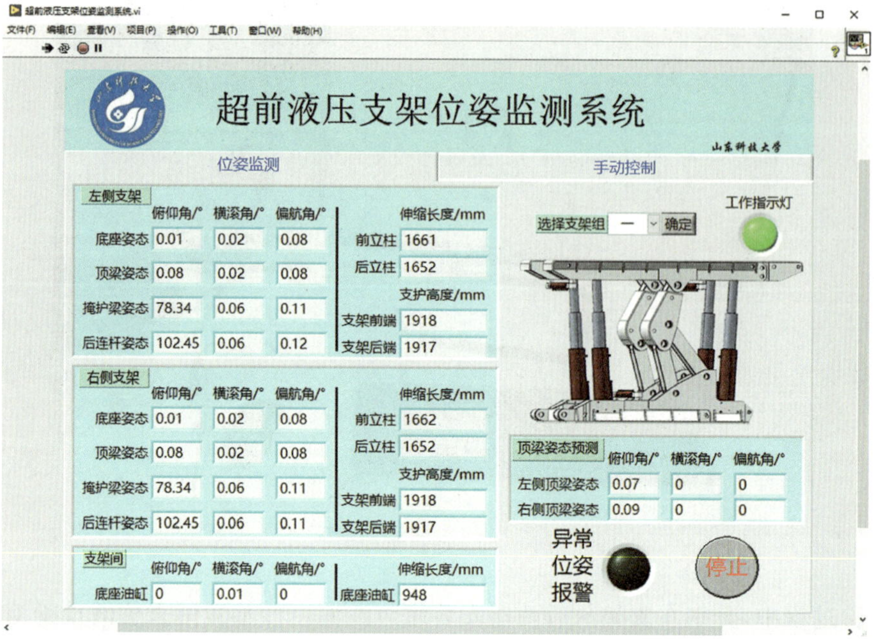

图 6-23　超前液压支架位姿监测模块运行效果

证提出的单组支架的位姿模型和位姿监测方法，超前液压支架前端支护高度数据如表 6-1 所示，其中 $H_{monitor}$ 为监测值，H_{true} 为真实值，H_{error} 为监测值与真实值的误差。

表 6-1　超前液压支架前端支护高度数据

序号	H_{true}/mm	$H_{monitor}$/mm	H_{error}/mm
1	1 000	1 004.66	4.66
2	1 015.58	1 021.24	4.66
3	1 032.96	1 037.59	4.63
4	1 049.29	1 053.89	4.6
…	…	…	…
71	1 443.57	1 443.52	−0.05
72	1 440.95	1 440.71	−0.24
73	1 438.31	1 437.92	−0.39
74	1 435.75	1 435.16	−0.59
…	…	…	…
147	971.24	975.85	4.61
148	973.99	978.69	4.7
149	975.75	981.53	4.78
150	978.74	983.59	4.85

在上述试验中，支护高度监测值与真实值的最大误差为 4.85 mm，最小误差为 −0.05 mm，平均绝对误差为 2.86 mm，满足超前液压支架运动状态监测的精度需求。

超前液压支架顶梁俯仰角数据如表 6-2 所示。其中 $\theta_{monitor}$ 为监测值，$\theta_{forecast}$ 为预测值，θ_{true} 为真实值，θ_{error1} 为监测值与真实值的误差，θ_{error2} 为预测值与真实值的误差。

表 6-2　超前液压支架顶梁俯仰角度数据

序号	$\theta_{monitor}$/(°)	$\theta_{forecast}$/(°)	θ_{true}/(°)	θ_{error1}/(°)	θ_{error2}/(°)
1	0	−0.24	0	0	−0.24
2	0.42	0.25	0.48	−0.06	−0.23
3	0.84	0.81	0.97	−0.13	−0.16
4	1.28	1.26	1.45	−0.17	−0.19
…	…	…	…	…	…
71	3.76	3.85	3.52	0.24	0.33
72	3.31	3.41	3.07	0.24	0.34
73	2.85	2.95	2.62	0.23	0.33
74	2.41	2.51	2.18	0.23	0.33
…	…	…	…	…	…
147	1.92	1.93	2.15	−0.23	−0.22
148	1.47	1.48	1.71	−0.24	−0.23
149	1.02	1.03	1.25	−0.23	−0.22
150	0.56	0.65	0.81	−0.25	−0.16

在上述试验中，超前液压支架顶梁俯仰角度监测值与真实值的最大误差为 0.25°，最小误差为 −0.06°，平均绝对误差为 0.15°；顶梁俯仰角度预测值与真实值的最大误差为 0.34°，最小误差为 −0.02°，平均绝对误差为 0.21°，满足超前液压支架运动状态位姿监测的精度需求。

（2）超前液压支架组的相对位姿监测试验

在试验过程中，在支架底座前端安装超声波测距传感器用来监测测量点与所处参考坐标系的位置，将模拟巷道围岩向外产生形变，操纵上位机手动控制页面，控制平衡油缸向右推移，将其调整至正常的支护距离，重复超前液压支架的推移过程，使超前液压支架位姿监测系统连续运行一段时间。超前液压支架推移过程如图 6-24 所示。

超前液压支架组的位姿监测模块运行效果如图 6-25 所示。数据采集完成后，通过上位机将监测数据导出为 Excel 表格，将其与主控器采集的实际测量值进行对比，验证了支架组位姿监测方法的可行性。

通过对比超前液压支架测量点坐标和右超前液压支架的偏转角度真实值与监测值，来对监测方法进行验证，在试验验证过程中，随机选择一组超声波测距传感器、顶梁姿态传感器和油缸行程传感器所采集的数据，得到超前液压支架测量点坐标的监测值 $C_{monitor}$ 和其真实值 C_{true}，并计算预测值与真实值的误差 C_{error}。试验数据记录如表 6-3 所示。

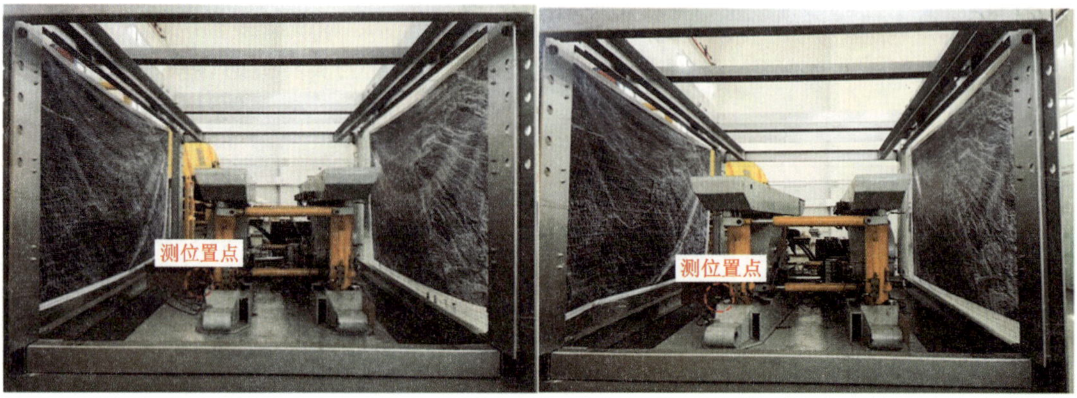

（a）超前液压支架理想位置　　（b）超前液压支架向右推移

图 6-24　超前液压支架侧推过程

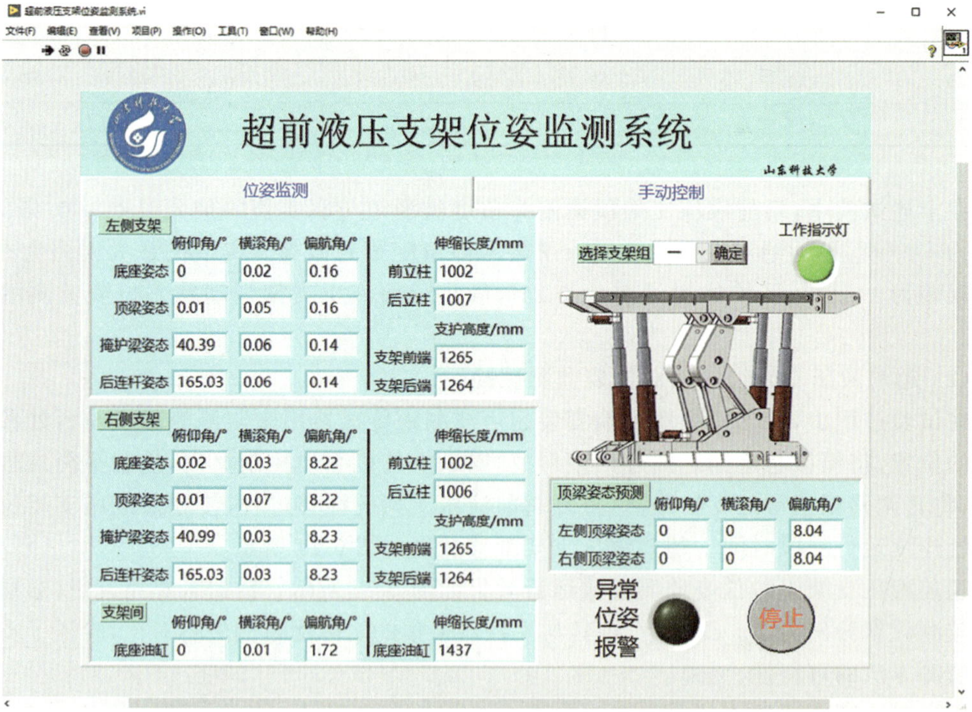

图 6-25　超前液压支架位姿监测模块运行效果

表 6-3　超前液压支架测量点坐标数据

序号	$C_{monitor}$/mm	C_{true}/mm	C_{error}/mm
1	(1 485.54, 885.46)	(1 481.31, 888.22)	(4.23, −1.76)
2	(1 495.44, 885.41)	(1 490.54, 887.17)	(4.90, −1.76)
3	(1 503.96, 884.34)	(1 499.76, 885.11)	(4.20, −1.77)
4	(1 513.18, 883.24)	(1 508.99, 885.01)	(4.19, −1.77)
5	(1 522.41, 882.12)	(1 518.23, 883.89)	(4.18, −1.77)
…	…	…	…
46	(1 892.55, 821.31)	(1 889.28, 823.07)	(3.27, −1.76)
47	(1 901.82, 819.37)	(1 898.59, 821.19)	(3.23, −1.82)
48	(1 911.09, 817.47)	(1 907.91, 819.29)	(3.18, −1.82)
49	(1 920.36, 815.55)	(1 917.21, 817.37)	(3.15, −1.82)
50	(1 929.63, 813.61)	(1 925.52, 815.44)	(3.11, −1.83)

在上述试验中，测量点坐标 x 轴的监测值与真实值的最大误差为 4.90 mm，最小误差为 3.08 mm，平均绝对误差为 3.71 mm；测量点坐标 y 轴的监测值与真实值的最大误差为 −1.83 mm，最小误差为 −1.76 mm，平均绝对误差为 1.78 mm，满足超前液压支架运动状态位姿监测的精度需求。

右超前液压支架偏航角度数据如表 6-4 所示。其中，支架偏航角的监测值为 $\varepsilon_{monitor}$，预测值为 $\varepsilon_{forecast}$，真实值为 ε_{true}，监测值与真实值的误差为 ε_{error1}，预测值与真实值的误差为 ε_{error2}。

表 6-4　右超前液压支架偏航角度数据

序号	$\varepsilon_{monitor}$/(°)	$\varepsilon_{forecast}$/(°)	ε_{true}/(°)	ε_{error1}/(°)	ε_{error2}/(°)
1	2.671	2.456	2.677	−0.006	−0.221
2	2.825	2.792	2.827	−0.002	−0.035
3	2.961	2.949	2.975	−0.014	−0.026
4	3.101	3.111	3.122	−0.021	−0.011
5	3.238	3.254	3.266	−0.028	−0.012
…	…	…	…	…	…
46	7.802	7.676	7.861	−0.059	−0.185
47	7.887	7.762	7.951	−0.064	−0.189
48	7.982	7.836	8.041	−0.059	−0.205
49	8.079	7.967	8.131	−0.052	−0.164
50	8.159	8.042	8.220	−0.061	−0.178

在上述试验中，右超前液压支架偏航角度的监测值与真实值的最大误差为 −0.067°，最小误差为 −0.006°，平均绝对误差为 0.051°；右超前液压支架偏航角度的预测值与真实值的最大误差为 −0.322°，最小误差为 −0.011°，平均绝对误差为 0.117°，满足超前液压支架运动状态位姿监测的精度要求。

第7章 超前液压支架初撑力自适应控制系统设计

目前，虽然自移式迈步超前液压支架已广泛应用于综采巷道中，但依然需要靠人工手动操作实现超前支架的升架、降架、移架等功能，工作人员工作强度较大。在煤炭开采过程中，巷道顶板压力变化复杂且分布不均。井下工作人员经常依靠经验或者把综采工作面顶板的压力值作为巷道顶板的压力值，并按此数据调节超前液压支架初撑力，容易造成超前液压支架初撑力过大或不足，进而造成巷道顶板过支护或欠支护。研究一种超前液压支架初撑力自适应控制系统，以实现超前液压支架自动调节初撑力大小。将BAO-PID算法应用到超前液压支架软件设计中，开发相应的软件系统来实现超前液压支架初撑力自适应控制。利用代码调试器(Code Composer Studio，CCS)，完成控制系统的程序编写，并基于LabVIEW软件开发超前液压支架初撑力自适应控制系统。

7.1 超前液压支架初撑力自适应控制系统总体设计

超前液压支架初撑力自适应控制系统主要以电液比例控制技术为基础，在超前液压支架升架前，巷道顶板压力传感器采集巷道顶板压力值，控制器以此控制电磁先导阀的阀芯开度与方向，从而控制液压缸内部压力，再通过获取压力传感器与液压缸行程传感器的数据作为反馈，实现超前液压支架初撑力控制系统的闭环控制，自动调节超前支架液压缸的压力，保证超前液压支架以适当的初撑力接顶，避免出现顶板过支护或欠支护的情况。超前液压支架初撑力自适应控制系统包括控制器模块、信号采集模块、立柱液压缸执行模块、人机交互模块等。超前液压支架自适应控制系统总体设计如图7-1所示。

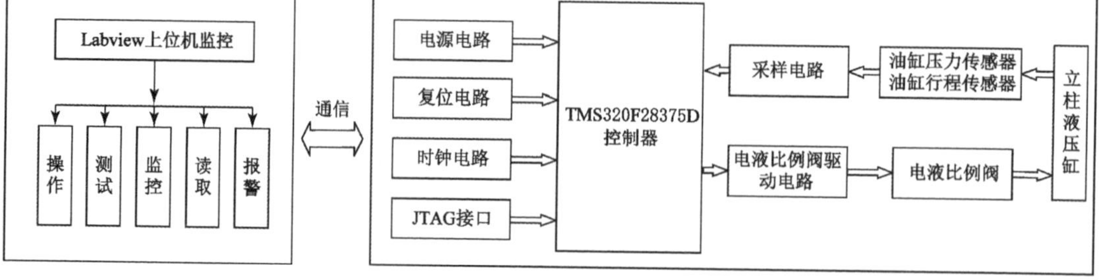

图7-1 超前液压支架自适应控制系统总体设计

传感器模块包括液压缸压力传感器模块、液压缸行程传感器模块，负责采集超前支架液压缸的压力值与位移值。人机交互模块是基于 LabVIEW 搭建的超前液压支架初撑力实时监测界面，用于实时显示超前液压支架的运行状态和各立柱液压缸压力的大小。

7.2　超前液压支架初撑力自适应控制系统硬件设计

（1）主控制芯片电路

考虑可行性与性价比，同时确保实现超前液压支架初撑力自适应控制，选用德州仪器公司开发的 32 位负电位控制器单元（TMS320F28375DPTP 芯片），作为该系统的核心处理器。

（2）电压转换电路

由于各模块芯片工作电压不同，电源电压就需要转换成不同等级的电压。设计电压转换电路为该系统各模块提供稳定工作电源。

电源电压为＋24 V，而 TMS32 芯片所需的供电电压为＋3.3 V 和＋1.2 V，传感器信号采集电路与油缸行程传感器所需要供电电压为＋5 V。采用 URB2405LD_30WR3 电源芯片将电源电压转换成＋5 V；采用 TPS70345PWP 电源芯片将电源电压转换成＋3.3 V 和＋1.2 V。油缸压力传感器与电液换向阀驱动电路所需的供电电压为＋24 V。电压转换电路元件参数如表 7-1 所示。

表 7-1　电压转换电路元件参数

名称	产品种类	输出电压/V	工作电压范围/V	工作温度范围/℃
SCM7038F-102	四脚共模滤波器	与输入电压相同	[0,80]	[－40,120]
URB2405LD_30WR3	隔离稳压器	±5	[18,75]	[－40,85]
TPS70345PWP	低压差稳压器	3.3,1.2	[2.7,6]	[－40,120]

（3）传感器信号采集电路

所采用的油缸压力传感器和油缸行程传感器均是模拟量输出传感器，因此需要选择模数转换器对模拟信号进行模数转换。在传感器信号采集电路中选用 ADS8688IDBT 芯片作为模数转换器芯片。

（4）CAN 通信电路

CAN(Controller Area Network)总线又称为控制器局域网总线。使用 CAN 总线作为模数转换器输出的数字信号采集和调试通信接口，利用 CAN 总线分别读取油缸压力传感器与油缸行程传感器的信号。通过 CAN 总线调试器将采集的信号传输至 TMS32 核心控制器，从而显示在上位机界面。选用 ISO1050DWR 芯片作为 CAN 收发器。

7.3　超前液压支架初撑力自适应控制系统软件设计

前面已经完成超前液压支架初撑力自适应控制系统的硬件设计，但要实现该系统的初撑力自适应控制，还需要完成该系统的软件设计。该系统软件包括不同的功能程序：主程序、传感器信号采集程序、传感器信号传输程序、基于 BAO-PID 算法程序、PWM 驱动程序等。采用德州仪器公司研发的 CCS，完成该系统的软件设计，包括程序设计、编写、调试；采用 LabVIEW 软件设计超前液压支架初撑力上位机监测系统。

控制系统软件编程思路为：设置期望初撑力值，期望值与压力传感器反馈回的实际顶板压力进行对比运算，利用 BAO 算法优化 PID 算法参数，实现主动调节 PID 算法参数，输出 PWM 信号，控制电磁先导阀的阀芯开度及开口方向，进而控制液压缸的伸缩完成初撑力自适应控制。

7.3.1 主程序设计

首先，初始化程序中的各项参数，在程序执行初始阶段电磁先导阀的阀芯开度最大，经过阀组进入液压缸的流量最大，使超前液压支架顶梁快速上升。控制器接收液压缸行程传感器数值，判断液压缸立柱活塞伸出长度是否超过 0.5 m，如果超前支架整体升高超过 0.5 m，控制器接收油缸压力传感器数值，由于单个超前支架有两个立柱液压缸，因此，对比巷道顶板压力值与两倍液压缸压力值，获取此时偏差信号，采用 PID 算法调节偏差信号，TMS32 控制器输出 PWM 信号，从而控制电磁先导阀的阀芯开度，调整液压缸内部压力大小。其中，PID 算法参数是在 MATLAB 软件中，采用 BAO 算法优化 PID 得来，主程序设计流程如图 7-2 所示。

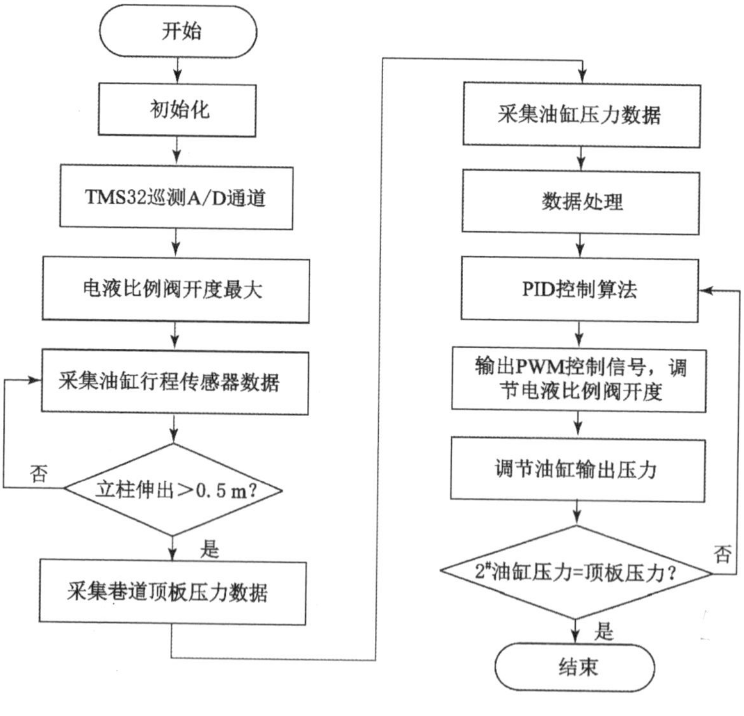

图 7-2　主程序设计流程

7.3.2　传感器信号采集程序设计

实现超前液压支架初撑力自适应控制系统的闭环控制，需实时反馈支架立柱液压缸内部压力，利用 PN500-压力传感器对油缸压力进行采样，GUC2540(c)矿用本安型位移传感器采集油缸行程，首先，初始化 ADC 函数，设置采样频率，然后等待中断使能，执行 ADC 信号采集程序，采集传感器信号并对采集到的信号进行滤波处理，如图 7-3 所示。

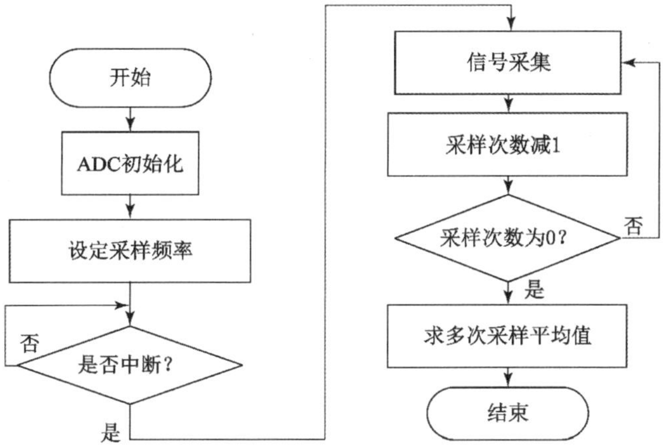

图 7-3　信号采集程序流程

7.3.3　传感器信号传输程序设计

设计的油缸压力传感器、油缸行程传感器与主控制器间的数据传输采用 CAN 总线的方式，在使用 CAN 对传感器和主控制器数据传输过程中，主要包括 CAN 总线初始化、CAN 数据发送和 CAN 数据接收三个过程。首先在控制器中分别定义发送缓存区和接收缓存区的地址。发送油缸压力与油缸行程数据时，先在相应的寄存器中写入读取的传感器数据，再根据优先级高低顺序发送数据，发送完成后释放发送缓存区；接收压力数据时，先判断接收缓存区内是否有数据，若有数据则寄存器满标识符为 1，接着读取报文数据，接收完成后释放接收寄存器，压力传感器模块数据收发流程如图 7-4 所示。

7.3.4　PID 算法参数寻优程序设计

天牛群算法可以很好地克服天牛须算法单一算法稳定性差、粒子群算法容易陷于局部最优等问题，因此，本章节采用天牛群算法优化 PID 算法参数。

TMS32 控制器将采集到的巷道顶板压力值与支架油缸压力值通过串口通信发送至电脑端，将巷道顶板压力值与支架油缸压力值导入 MATLAB 程序中，以巷道顶板压力为输入量，支架油缸压力值为反馈量，计算每个天牛适应度值，迭代循环，如图 7-5 所示流程，计算得到最优 PID 算法参数，并将优化后的 PID 算法参数应用到超前液压支架初撑力自适应控制软件程序中。其中，终止条件为两倍油缸压力数据与巷道顶板压力值相等。

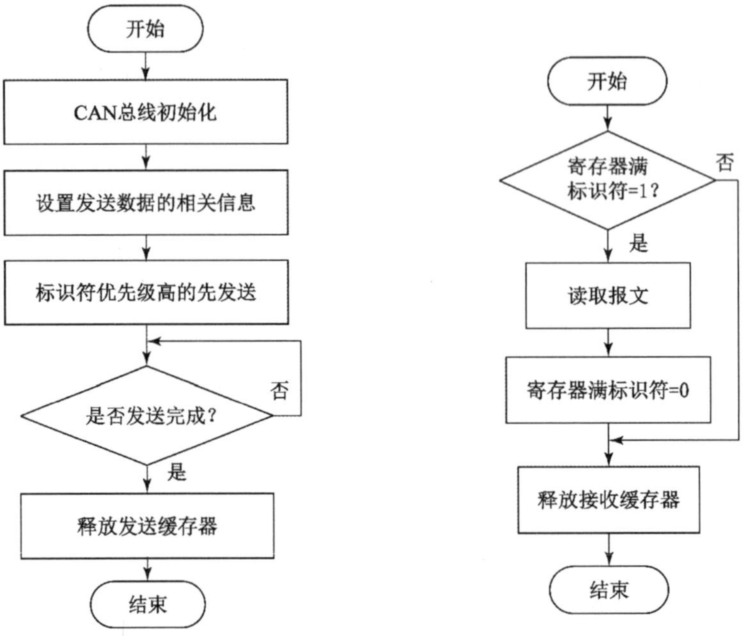

（a）CAN数据发送流程　　（b）CAN数据接收流程

图 7-4　CAN 数据收发程序流程

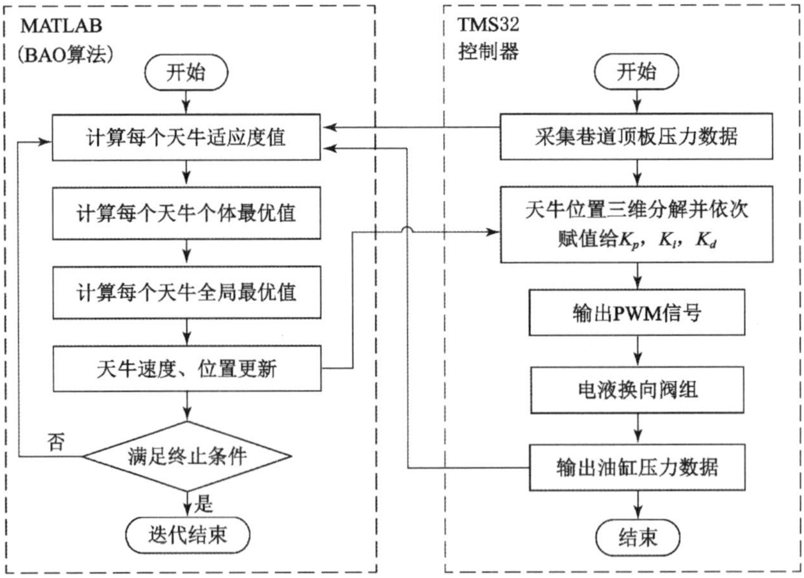

图 7-5　PID 算法参数寻优流程

7.3.5　人机交互模块设计

按照超前液压支架试验样机性能要求与超前液压支架初撑力自适应控制要求，采用 LabVIEW 软件设计并开发“超前液压支架初撑力监测系统”。该系统可实现手动工作模式与自动工作模式切换。上位机与控制器采用 CAN 总线传输数据。控制器采集的液压缸立柱压力数据、液压缸行程数据与运行时间数据显示在上位机界面中。

（1）初撑力监测模块

初撑力检测界面如图 7-6 所示。在图 7-6 中，当工作模式为自动时，超前支架根据采集的数据与设定的程序，自动升架、降架、移架。超前液压支架的液压缸压力数据、液压缸行程数据与运行时间数据显示在上位机界面中。

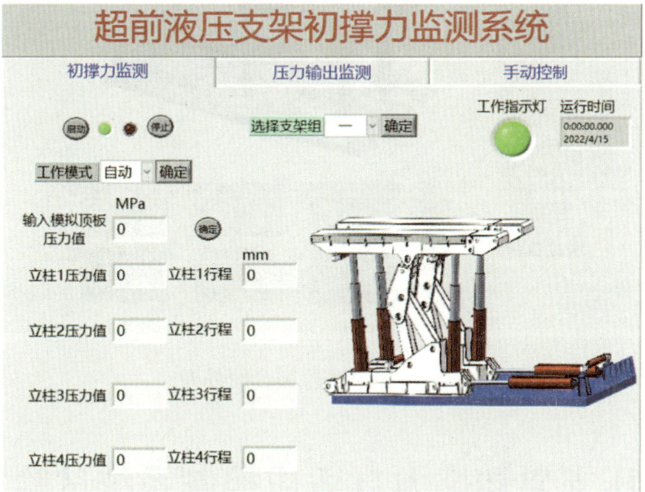

图 7-6　初撑力监测界面

（2）压力输出监测模块

压力输出监测界面用于实时显示压力传感器采集的数据与模拟巷道顶板压力值，如图 7-7所示。

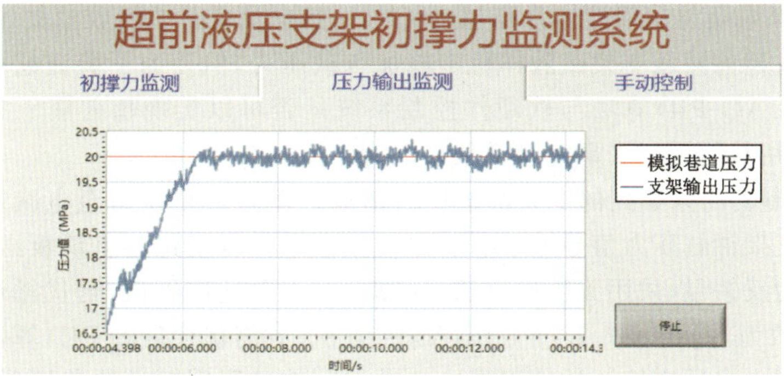

图 7-7　压力输出监测界面

(3) 手动控制模块

由于井下巷道环境类型复杂，为了提高超前液压支架初撑力自适应控制系统的普适性，在人机交互模块中加入手动控制功能，如图 7-8 所示。当工作模式为手动时，工作人员可以手动控制超前支架完成升架、降架、移架等，将超前液压支架调整为安全支护姿态，以保障其安全运行。

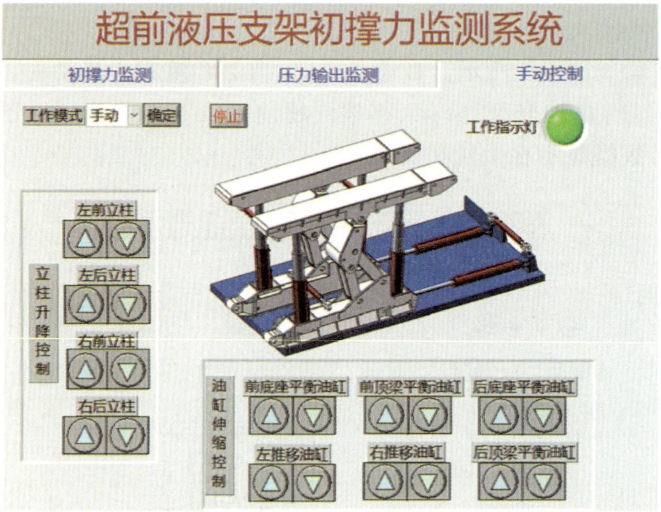

图 7-8　手动控制监测界面

7.4　超前液压支架初撑力自适应控制系统试验

液压缸行程传感器采集的数据通过 A/D 转换后，将数据传输至 TMS32 控制器，再通过 CAN 总线将数据传输至上位机界面中，如图 7-9 所示。由于超前液压支架试验样机最低高度为 1.3 m，升起后的最高高度为 1.9 m，立柱最大伸出长度为 0.6 m，因此，在编写控制程序过程中，TMS32 控制器接收液压缸行程传感器数值后，判断液压缸立柱活塞伸出长度是否超过 0.3 m，如果超前支架整体升高超过 0.3 m，控制器就开始接收油缸压力传感器数值。

由于无法在超前液压支架试验样机中施加负载压力，但是为了验证超前液压支架电液控制系统模型、BAO-PID 算法与软硬件控制系统是否可以实现超前液压支架初撑力自适应控制，所以采用数值模拟来研究巷道顶板压力。

TMS32 控制器将采集到的支架油缸压力值通过串口通信发送至电脑端。将模拟巷道顶板压力值与支架油缸压力值导入 MATLAB 程序中。以模拟巷道顶板压力为输入量、支架油缸压力值为反馈量，采用天牛群算法，计算每个天牛适应度值，迭代循环。计算得到最优 PID 算法参数为 $K_p=22.7$，$K_i=1.13$，$K_d=10.8$。并将优化后的 PID 算法参数应用到超前液压支架初撑力自适应控制软件程序中。在编写软件程序时设置巷道顶板压力变量，在上位机监控界面中输入巷道顶板压力值，通过 CAN 总线传输，将信号传输至 TMS32 控制器；油缸压力传感器采集的数据作为反馈量，通过 PID 算法将信号误差消除，控制器输出

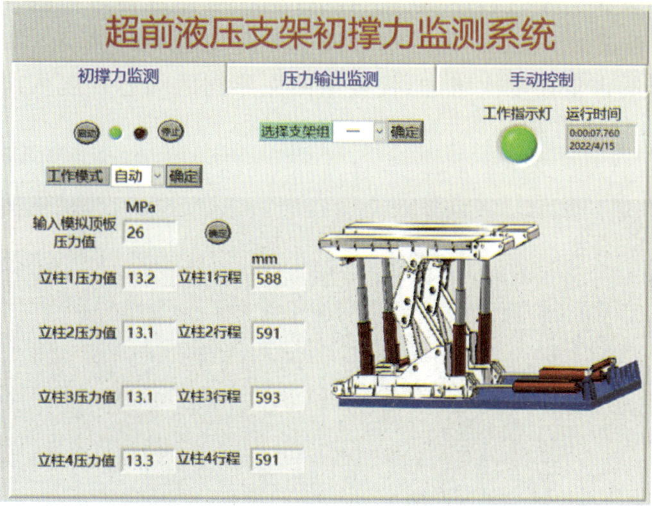

图 7-9　超前液压支架初撑力监测界面

PWM 信号，调节电液换向阀的阀芯开度，调整超前液压支架液压缸内部压力，实现超前液压支架初撑力自适应控制。具体试验实施如下：

① 接通电源，为各元器件提供稳定电源。

② 打开“超前液压支架初撑力监测系统”上位机执行文件，在界面的工作模式中选择“手动”工作模式，依次点击“立柱升降控制”、“油缸伸缩控制”按钮，控制超前液压支架做出相应动作，完成超前液压支架手动控制调试。

③ 在手动调试完成的基础上，打开“超前液压支架初撑力监测系统”上位机执行文件，在界面的工作模式中选择“自动”工作模式，输入模拟顶板压力值，点击“确定”，超前液压支架初撑力自适应控制程序开始执行，超前液压支架执行升架动作。

④ 液压缸压力传感器与液压缸行程传感器将采集的数据传输到 TMS32 控制器，然后通过 CAN 总线将数据显示在上位机界面中，如图 7-9 所示。

⑤ 记录立柱压力数据、行程数据与运行时间数据，在压力输出监测界面(见图 7-10)中显示超前液压支架压力变化曲线，观察超前液压支架输出压力能否跟踪到模拟巷道压力。

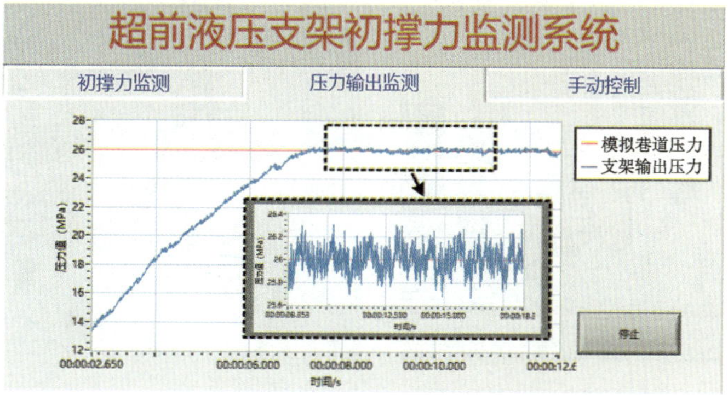

图 7-10　超前液压支架压力输出监测

⑥ 在超前液压支架升架过程中，通过 ADALM2000 示波器可监测 TMS32 的 GPIO 口输出 PWM 信号是否正常。Scopy 软件信号调试界面如图 7-11 所示。从图 7-11 中可以看出，PWM 输出波形的占空比依次增加，代表电液先导阀的阀芯开度依次增大，超前液压支架立柱液压缸增压，立柱上升。

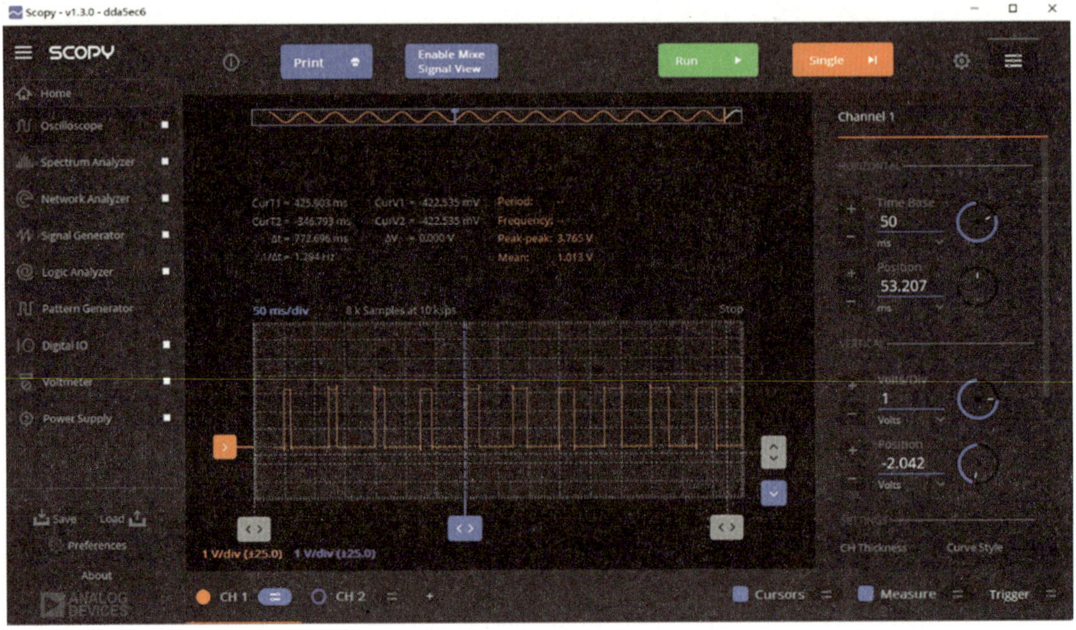

图 7-11　Scopy 软件信号调试界面

⑦ 进行多次试验验证，设置多组模拟巷道压力值。由试验结果可得，控制误差在 0～0.5 MPa 之间，运行时间均在 6.8 s 左右，但超前液压支架初撑力自适应控制系统的调节时间仍在 10 s 以内，满足井下实际工作需要。

⑧ 采用手动控制功能，将超前液压支架降架、复位（见图 7-12），完成超前液压初撑力自适应控制试验。超前支架完全升起与复位后。

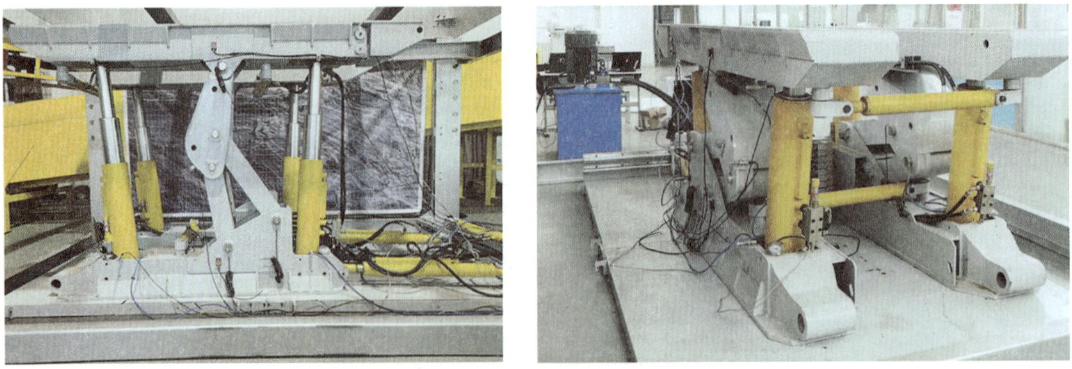

图 7-12　超前液压支架升架与复位

第 8 章　新型缓冲吸能装置手性结构吸能特性研究

在面临冲击地压等瞬时超高压载荷时，常规超前液压支架难以抵抗强大的冲击载荷，并且安全阀动态响应时间不足，泄压不及时容易造成超前液压支架立柱弯曲、断裂甚至爆缸现象的发生，进而引发安全事故。在充分考虑材料属性、结构属性、工作环境需求的基础上，研发一款新型缓冲吸能装置用于超前液压支架的冲击防护，为煤矿开采向地球深部进军和智能化方向发展提供安全保障。

8.1　新型缓冲吸能装置手性结构模型构建

8.1.1　新型缓冲吸能装置结构

新型缓冲吸能装置主要由顶板、底板、吸能体和弹性预紧力抵消装置(弹簧)等 4 部分组成，如图 8-1 所示。其中，作为一种独立设计的模块化单元，每组新型缓冲吸能装置通过螺栓紧固在超前液压支架顶梁上端面。一组超前液压支架顶梁可布置 4 组或 6 组新型缓冲吸能装置，其能够适用不同的超前压力分布形式。弹性预紧力抵消装置(弹簧)能够实现初撑力的适应性补偿。经计算 6 组新型缓冲吸能装置能够满足 6 500 kN 的初撑力工况。采用 20 mm 较厚的顶板以及“弹簧＋三级立柱”形式的预紧力抵消装置，能够保证整套装置结构紧凑的同时具备较高的抗撕拉能力，进而保证支架泄压移架时锚固系统对其干涉破坏程度降低至最低。吸能体为新型缓冲装置的核心部件。吸能体吸能缓冲效果与其结构形状和材质属性密切相关。通过吸能体其结构形状及材质属性开展相关研究，确定不同结构形状及材质属性吸能体的缓冲吸能特性。

8.1.2　手性蜂窝的几何特征

手性蜂窝结构是近年来提出的一种具有负泊松比特性的拉胀蜂窝材料结构。针对常见的几种手性蜂窝结构受冲击载荷作用后的吸能特性开展相关研究，以结构变形最小和吸能效果最佳为衡量指标，确定每种手性蜂窝结构的最优化结构参数，并优选吸能效果最佳的结构形状及材质属性构建相应的吸能体结构。

手性蜂窝结构由连接它们的圆环节点和韧带有序排列而成，其力学性能受到韧带数量、几何形状参数和排列方式的影响。常见的 3 种手性蜂窝结构如图 8-2 所示。其中，胞元

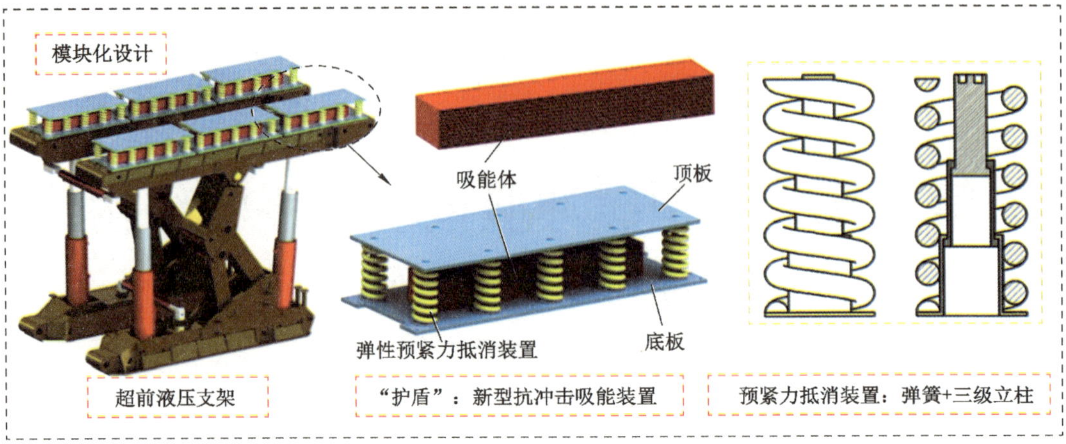

图 8-1　超前液压支架及新型缓冲吸能装置

的圆环节点半径 $r=8$ mm，韧带长度 $l=27.72$ mm，韧带厚度 $t=2$ mm。基于上述 3 种手性蜂窝结构建立的吸能体结构如图 8-2 所示。3 种手性蜂窝结构的尺寸参数均为：1 280 mm×250 mm×180 mm。

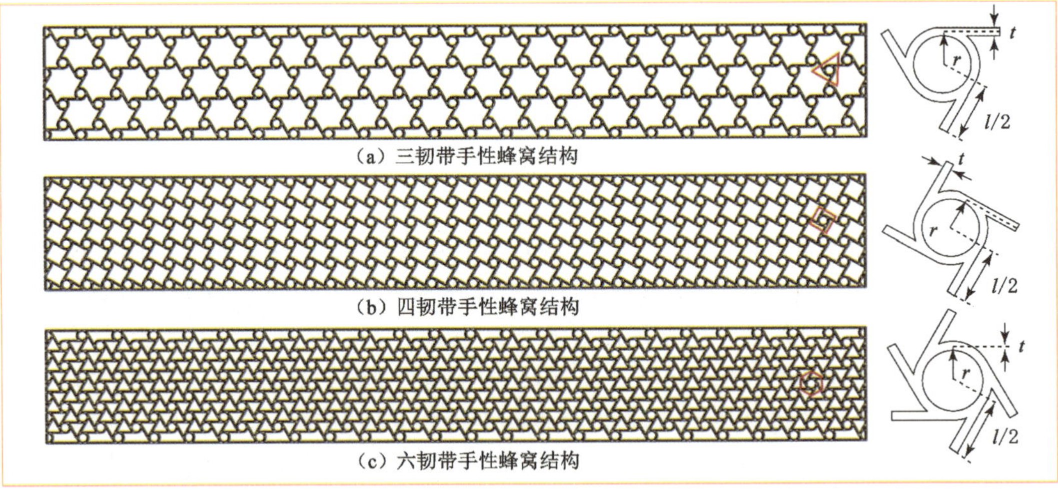

图 8-2　不同手性蜂窝结构及胞元

8.1.3　有限元模型

建立模拟岩层坍塌时顶板下落对吸能体结构的冲击作用有限元模型，如图 8-3 所示。在图 8-3 中，以六韧带手性蜂窝结构冲击模拟为例，底板底部设置为固定约束，手性蜂窝结构的底部与底板上端面设置为 Tie 绑定约束，顶板约束为刚体接触，顶板与手性蜂窝结构之间设置为通用接触(两者之间的摩擦系数设定为 0.1)。忽略弹性预紧力抵消装置(弹簧)。通过增大顶板材料密度来模拟大体积岩层的坍塌。

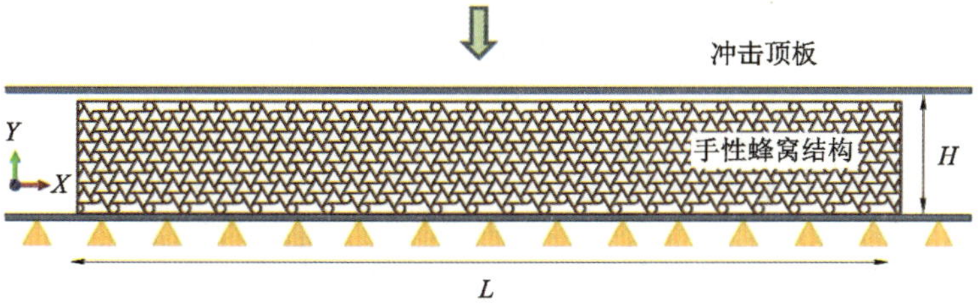

图 8-3　顶板冲击吸能体结构的有限元模型

为了定量评估不同结构形状及材料参数的手性蜂窝吸能特性，采用控制变量法，识顶板下落速度为自变量，手性蜂窝结构变形特性及缓冲效果为因变量。表 8-1 和表 8-2 分别给出了橡胶和尼龙 2 种材料的参数。

表 8-1　橡胶材料参数

材料属性	符号	氢化丁腈橡胶
密度/(kg·m^{-3})	ρ_0	1 560
Rivlin 系数(表示截距)	C_{10}	1.221
Rivlin 系数(表示斜率)	C_{01}	0.61
体积模量	D_1	1
屈服强度/MPa	σ_s	9.237 37
传导率	λ	0.14
材料线膨胀系数/(℃$^{-1}$)	α	0.000 67

表 8-2　尼龙材料参数

材料属性	符号	尼龙 6/10
密度/(kg·m^{-3})	ρ_0	1 400
弹性模量/MPa	G	8 300
泊松比	μ	0.28
屈服强度/MPa	σ_s	68.9
传导率	λ	0.53
材料线膨胀系数/(℃$^{-1}$)	α	0.000 03
比热/[J·(kg·℃)$^{-1}$]	C_P	1.5×10^3

8.2 新型缓冲吸能装置仿真结果与分析

8.2.1 手性蜂窝结构变形响应特性

不同材料的手性蜂窝结构受冲击后的变形响应特性不同。图 8-4 展示了 2 种材质的六韧带手性蜂窝结构受顶板冲击后的变形响应特性。顶板下落速度为 1 m/s。由图 8-4 可知，橡胶材质的手性蜂窝结构受冲击后易发生弹性大变形，冲击过程中最大压缩变形量为 123.7 mm，冲击顶板移除后发生弹性回弹至完全恢复，本身无明显塑性变形；而尼龙材质的手性蜂窝结构受冲击后发生轻微弹性变形以及一定程度的塑性变形，冲击过程中最大压缩变形量为 5.83 mm，冲击顶板移除后发生轻微回弹并伴随永久塑性变形发生。对比分析可知，在相同冲击工况下橡胶材质手性蜂窝结构的变形程度明显大于尼龙材质的变形程度。

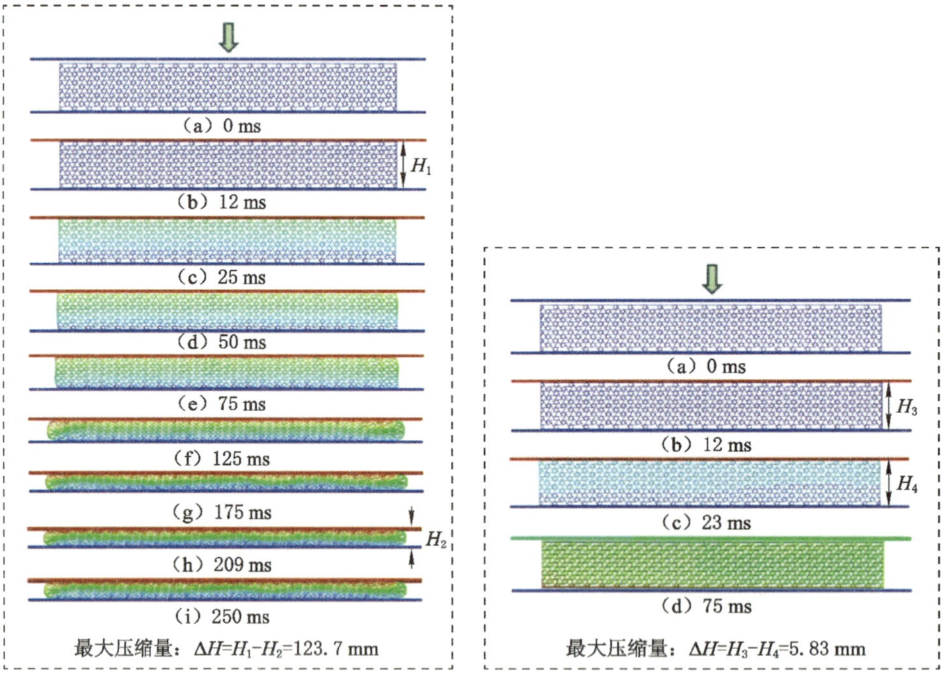

(a) 橡胶材质手性蜂窝结构　　(b) 尼龙材质手性蜂窝结构

图 8-4　六韧带手性蜂窝结构冲击变形响应特性

进一步对比研究 3 种不同材质的手性蜂窝结构的冲击变形响应特性，其结果如图 8-5 所示。由图 8-5 可知，从结构角度出发，在相同冲击工况下相比三韧带手性蜂窝和四韧带结构较大的变形行为，六韧带手性蜂窝结构变形程度偏小，其最大压缩量小于其他 2 种手性蜂窝结构的。最大变形量对比：三韧带结构＞四韧带结构＞六韧带结构，该规律不受材质影响，即橡胶材质和尼龙材质变形特性均满足上述规律。从材质角度出发，不同材质手性蜂窝结构冲击变形响应特性也存在明显差异:橡胶材质的手性蜂窝结构受冲击后易发生弹性大变形,冲击顶板移除后发生弹性回弹至完全恢复,本身无明显塑性变形;而尼龙材质的手性蜂窝结构受冲击后发生轻微弹性变形以及一定程度的塑性变形,冲击顶板移除后发生轻微回弹并伴随永久塑性变形发生。在相同冲击工况下,橡胶材质手性蜂窝结构的变形程度明显大于尼龙材质的变形程度。

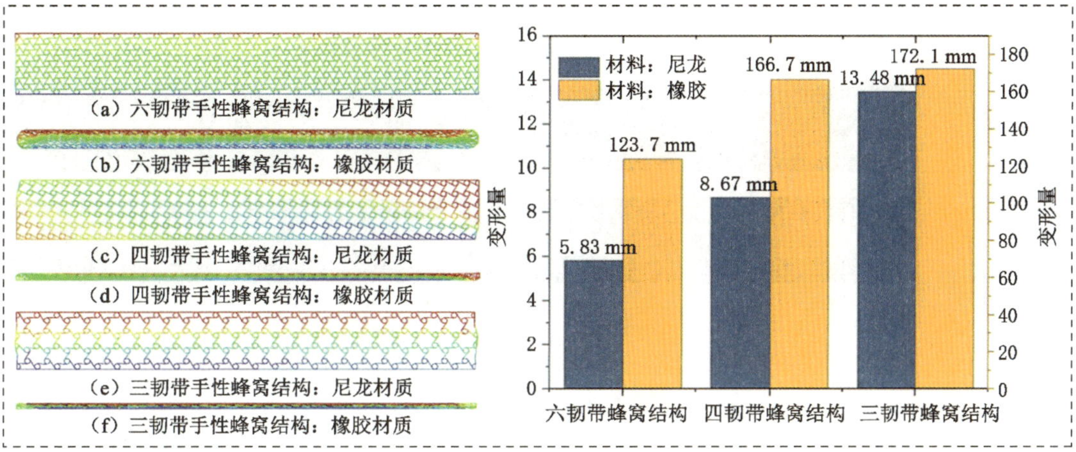

图 8-5　在相同冲击工况下不同材质手性蜂窝结构极限变形对比

8.2.2　手性蜂窝结构缓冲特性

冲击过程底板支反力的大小是衡量吸能装置缓冲效果的重要指标之一。图 8-6 展示了 2 种材质的六韧带手性蜂窝结构受冲击后底板不同时刻的支反力分布特征。相比尼龙材质手性蜂窝结构,橡胶材质的刚度更小,冲击过程中缓冲作用更强。顶板在 12 ms 时与像胶材质手性蜂窝结构发生初始接触,45 ms 时应力波传至底板并产生轻微支反力,209 ms 时橡胶材质手性蜂窝结构压缩变形量达到最大值[见图 8-5(a)],此时支反力同步达到最大值(147 kN)[见图 8-7(a)];随着顶板移除,橡胶材质手性蜂窝结构发生回弹,支反力逐渐消失。尼龙材质手性蜂窝结构在 12.5 ms 时应力波传至底板并产生轻微的支反力,23 ms 时尼龙材质手性蜂窝结构压缩量达到最大值[见图 8-5(b)],此时支反力同步达到最大值(2 148 kN)[见图 8-7(b)];随着顶板移除,尼龙材质手性蜂窝结构发生回弹,支反力逐渐消失。综上分析可知,在顶板冲击不同材质的六韧带手性蜂窝结构过程中,橡胶材质手性蜂窝结构能够明显缓冲来压峰值,并提供充足的缓冲时间。

不同材质手性蜂窝结构对应的底板支反力随时间的演化规律如图 8-7 所示。

① 橡胶材质的手性蜂窝结构[见图 8-7(a)],三种手性蜂窝结构底板支反力峰值出现时间近似,均在 200 ms 附近;底板支反力变化规律存在明显差异:三韧带和四韧带手性蜂窝结构对应的底板支反力分别为 1 012 kN 和 894 kN,远远高于六韧带的 147 kN。经过三韧带和四韧带手性蜂窝结构缓冲后的应力波存在明显的脉冲峰值,该应力波穿过吸能装置作用于液压支架后依旧会产生明显的破坏作用,而经过六韧带手性蜂窝结构缓冲后的应力波脉冲峰值消失,底板支反力呈现缓慢上升趋势,后续对液压支架的破坏作用明显减弱。据

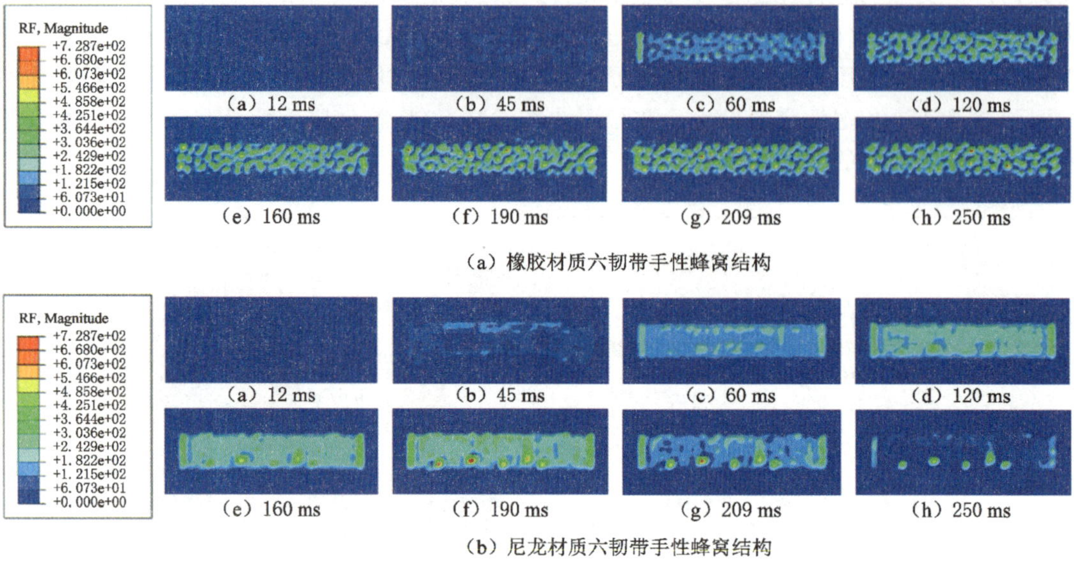

图 8-6　不同时刻底板支反力分布特征

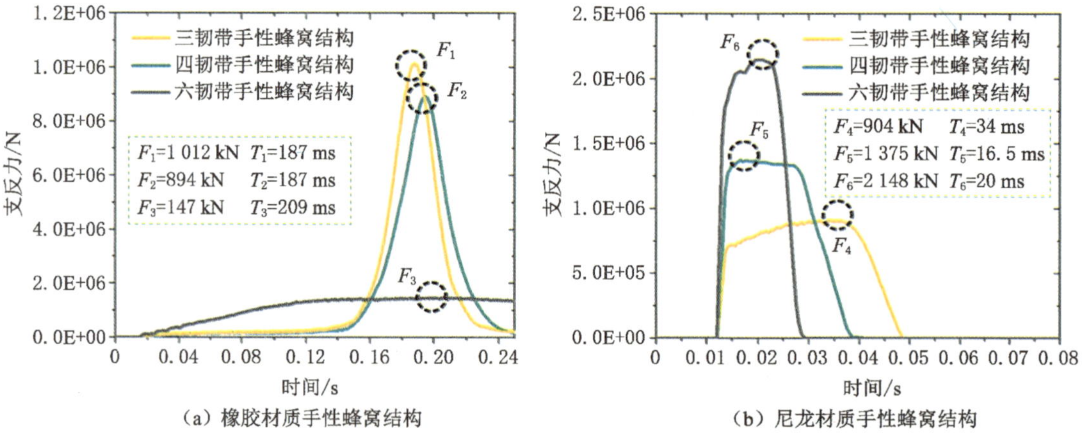

图 8-7　不同材质手性蜂窝结构底板平均支反力对比

上述分析可知，橡胶材质手性蜂窝结构缓冲效果为：六韧带手性蜂窝结构＞四韧带手性蜂窝结构＞三韧带手性蜂窝结构。

② 对于尼龙材质的手性结构[见图 8-7(b)]，三韧带、四韧带和六韧带手性蜂窝结构底板支反力峰值出现的时间分别为 34 ms、15.5 ms 和 20 ms，底板支反力峰值大小分别为 904 kN、1 375 kN 和 2 148 kN。经过 3 种手性蜂窝结构缓冲后的应力波表现为不同的脉冲形态。其中，六韧带手性蜂窝结构缓冲后的应力波脉冲呈细长山峰状，而三韧带手性蜂窝结构缓冲后的应力波脉冲呈宽广山岭状，缓冲后的应力波穿过吸能装置作用于液压支架后依旧产生明显的破坏作用；六韧带手性蜂窝结构缓冲后的底板支反力峰值远大于三韧带和

四韧带的。据上述分析可知，尼龙材质手性蜂窝结构缓冲效果为：三韧带手性蜂窝结构＞四韧带手性蜂窝结构＞六韧带手性蜂窝结构。

8.2.3　手性蜂窝结构吸能特性

能量演化规律是衡量手性蜂窝结构吸能特性的重要指标之一。图 8-8 给出了在相同冲击工况下不同材质手性蜂窝结构内能随时间的演化规律。

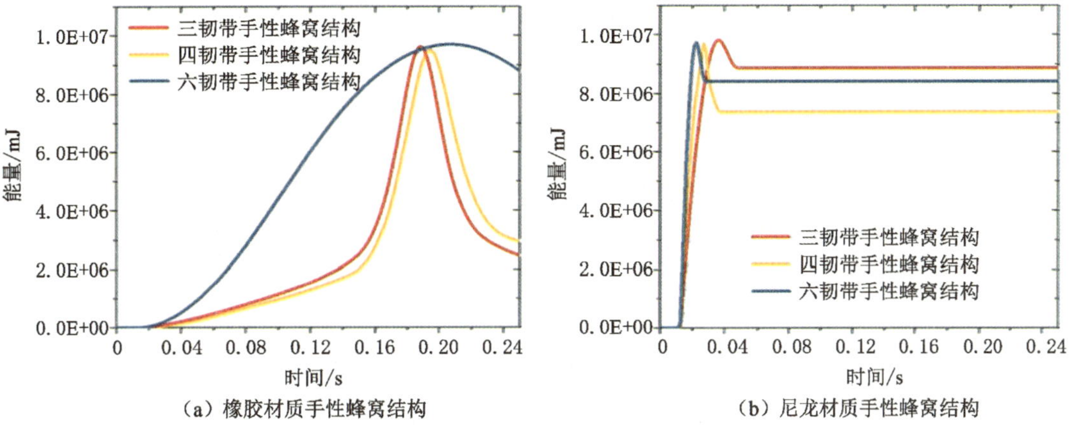

图 8-8　不同材质手性蜂窝结构内能随时间的变化曲线

① 对于橡胶材质的手性蜂窝结构[见图 8-8(a)]，3 种手性蜂窝结构的吸能峰值近似相同，为 1×10^4 J，且均出现在 200 ms 附近。其中，三韧带和四韧带手性蜂窝结构的吸能区间呈陡峭的山峰状，有效吸能区间范围较小，吸能效果较差；而六韧带手性蜂窝结构的吸能区间呈平缓的山峰状，有效吸能区间范围更大，吸能效果更佳。由于橡胶具有超弹性特性，橡胶材质的手性蜂结构在冲击过程中只发生弹性变形，冲击回弹后其吸收的能量被迅速释放。

② 对于尼龙材质的手性蜂窝结构[见图 8-8(b)]，3 种手性蜂窝结构内能演化规律近似相同；其吸能峰值近似相同，为 1×10^4J，且均出现在 20～40 ms 附近；随着手性蜂窝结构韧带数量减少，其吸能峰值出现的时间有所滞后。由于冲击过程中尼龙材质手性蜂窝结构产生了轻微的弹性变形及一定程度的塑性变形，且在顶板移除后仅发生轻微回弹，因此其内能迅速达到峰值，随后下降至一定数值后保持恒定。在冲击过程中，三韧带和六韧带手性蜂窝结构仅在竖直方向产生了一定变形，而四韧带手性蜂窝结构在竖直方向产生变形的同时在水平方向也产生一定的侧移。

参考文献

[1] 王国法，赵国瑞，任怀伟.智慧煤矿与智能化开采关键核心技术分析[J].煤炭学报，2019，44(01)：34-41.

[2] 王国法，徐亚军，张金虎，等.煤矿智能化开采新进展[J].煤炭科学技术，2021，49(01)：1-10.

[3] 王国法，张德生.煤炭智能化综采技术创新实践与发展展望[J].中国矿业大学学报，2018，47(03)：459-467.

[4] 王国法，刘峰，庞义辉，等.煤矿智能化——煤炭工业高质量发展的核心技术支撑[J].煤炭学报，2019，44(02)：349-357.

[5] 王国法.中国煤科如何引领煤矿智能化发展[J].智能矿山，2022，3(07)：27-38.

[6] 王国法，杜毅博.智慧煤矿与智能化开采技术的发展方向[J].煤炭科学技术，2019，47(01)：1-10.

[7] 雷毅.我国井工煤矿智能化开发技术现状及发展[J].煤矿开采，2017，22(02)：1-4.

[8] 范京道.煤矿智能化开采技术创新与发展[J].煤炭科学技术，2017，45(09)：65-71.

[9] 谢和平，王金华，王国法，等.煤炭革命新理念与煤炭科技发展构想[J].煤炭学报，2018，43(05)：1187-1197.

[10] 任怀伟，杜毅博，侯刚.综采工作面液压支架-围岩自适应支护控制方法[J].煤炭科学技术，2018，46(01)：150-155，191.

[11] 胡帅伟，陈士海.爆破振动下围岩支护锚杆动力响应解析解[J].岩土力学，2019，40(01)：281-287.

[12] 周世昌，朱万成，于水生.基于双指数剪切滑移模型的全长锚固锚杆荷载传递机制分析[J].岩石力学与工程学报，2018，37(S2)：3817-3825.

[13] 文志杰，张瑞新，杨涛，等.基于应力梯度理论的锚杆合理预紧力[J].煤炭学报，2018，43(12)：3309-3319.

[14] 涂兵雄，刘士雨，俞缙，等.新型拉压复合型锚杆锚固性能研究：Ⅰ简化理论[J].岩土工程学报，2018，40(12)：2289-2295.

[15] 陈洪凯，尹肖.自锚型应急锚杆及其计算方法研究[J].重庆交通大学学报(自然科学版)，2018，37(05)：52-59.

[16] 陈勇，杨玉贵，闫帅，等.沿空留巷巷旁充填体对拉锚杆加固机理研究[J].采矿与安全工程学报，2018，35(06)：1129-1134.

[17] 周炳生，王保田，梁传扬，等.全长黏结式锚杆锚固段荷载传递特性研究[J].岩石力学与

工程学报，2017，36(S2)：3774-3780.
[18] 谢苗，赵春晓，白雅静.基于能量法的超前支护-立柱动态稳定性分析[J].机械强度，2018，40(01)：8-14.
[19] 李丁一，徐亚军.超前液压支架沿工作面走向承载特性研究[J].煤矿开采，2018，23(01)：5-7，50.
[20] 王根盛，宋淑光，曹连民，等.垛式超前支架在大采高巷道支护中的应用研究[J].煤炭科学技术，2017，45(08)：159-163，169.
[21] 李明忠，张德生，刘壮，等.8.2 m大采高综采工作面超前支护技术研究及应用[J].煤炭科学技术，2017，45(11)：32-35.
[22] 何勇，郭一楠，巩敦卫.液压支护平台的异步自抗扰平衡控制[J].控制理论与应用，2019，36(1)：151-163.
[23] 沙宝银.液压支架试验台远程多缸同步控制系统设计[J].工矿自动化，2018，44(02)：28-31.
[24] 栾丽君，赵慧萌，谢苗，等.超前支架速度、压力稳定切换控制策略研究[J].机械强度，2017，39(04)：747-753.
[25] 薛光辉，管健，柴敬轩.基于神经网络PID综掘巷道超前支架支撑力自适应控制[J].煤炭学报，2019，44(11)：3596-3603.
[26] 程敬义，万志军，徐亚军，等.基于海量矿压监测数据的采场支架与顶板状态智能感知技术[J].煤炭学报，2020，45(06)：2090-2103.
[27] 左建平，刘海雁，刘德军等.深部巷道钢管混凝土支架与锚杆-索耦合支护技术的理论分析与数值模拟研究 [J].Journal of Central South University，2023，30(01)：257-275.